元　宇　宙

元宇宙

METAVERSE

趙國棟　易歡歡　徐遠重　著

商務印書館

元宇宙

作　　　者： 趙國棟　易歡歡　徐遠重

裝幀設計： 張　毅

出　　　版： 商務印書館（香港）有限公司
香港筲箕灣耀興道 3 號東滙廣場 8 樓
http://www.commercialpress.com.hk

發　　　行： 香港聯合書刊物流有限公司
香港新界荃灣德士古道 220-248 號荃灣工業中心 16 樓

印　　　刷： 美雅印刷製本有限公司
九龍觀塘榮業街 6 號海濱工業大廈 4 樓 A

版　　　次： 2022 年 1 月第 1 版第 2 次印刷
© 2021 商務印書館（香港）有限公司
ISBN 978 962 07 6676 3
Printed in Hong Kong

目 錄

01 元宇宙即將到來

02 M 世代，元宇宙的創世居民

03 遊戲，寒武紀大爆發

04 元宇宙經濟學

自治的烏托邦 05

06 搶佔 超大陸

蟲洞，在元宇宙間 自由穿梭 07

圖 1-1　中國傳媒大學「雲畢業」
場景（圖片來源：嗶哩嗶哩視頻
《中國傳媒大學創意「雲畢業」打造
遊戲世界中的畢業典禮》截圖）

圖 1-2　加州大學伯克利分校第 11
任校長 Carol Christ 在致辭（圖片來
源：加州大學伯克利分校官網）

圖 1-3　Travis Scott 在《堡壘之夜》中的形象（圖片來源：騰訊
遊戲《堡壘之夜》官網）

圖 1-4　電影《頭號玩家》宣傳海報

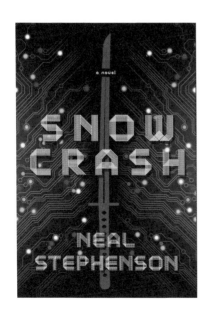

圖 1-5　科幻小說作家尼爾‧斯蒂芬森
早在 1992 年出版的《雪崩》中，就提
到了元宇宙的概念，圖為《雪崩》封面

圖 1-8　電影《黑客帝國》劇照（圖片來源：影片截圖）

圖 1-9　電影《阿凡達》劇照，「阿凡達」們
正在駕馭大型飛鳥（圖片來源：影片截圖）

圖 2-1　在 M 世代中頗具人氣
的泡泡瑪特盲盒（圖片來源：
泡泡瑪特官網）

圖 5-1　遊戲《小花仙》宣傳
圖（圖片來源：淘米遊戲《小
花仙》官網）

圖 5-2　遊戲《星戰前夜》宣傳圖
（圖片來源：網易遊戲《星戰前
夜》官網）

圖 7-6　電影《我，機器人》劇照（圖
片來源：影片截圖）

寫在前面

聽聞《元宇宙》繁體版馬上就要出版，頗感欣喜。不是每一次都有先聲奪人的機會，尤其是面對十年一遇的大浪潮，所以首先祝賀香港商務印書館在諸多海外版權中撥得頭籌。在元宇宙時代，效率就是品質。距中文簡體版圖書的出版雖然僅僅相差兩個月，但在其間，「元宇宙」又發生了幾件事情，我們的觀點也在不斷地更新、凝練。我特別藉此機會做一個簡略的說明。

簡言之，元宇宙就是互聯網的下一個形態。互聯網的發展約略可以劃分為三個階段，第一個階段就是 PC 互聯網，人們主要的上網工具是 PC 機。第二個階段是移動互聯網，人們主要通過智能手機上網。第三個階段即是隨着 VR 頭盔、AR 眼鏡等設備逐漸普及，人們即將迎來元宇宙時代。在 PC 互聯網時代，中國一直處於跟隨階段，比如在 PC 機領域中，佔據統治地位的一直是微軟和英特爾，互聯網領域裡也一直是谷歌、亞馬遜、Facebook 等在引領。進入移動互聯網時代，騰訊、阿里巴巴、字節跳動等公司迅速發展，在某些領域（如短視頻應用等）處於全球領先的位置。但是移動互聯網的統治者，可以說依然是蘋果和谷歌。蘋果「全家桶」和谷歌服務套件，牢牢掌控了移動互聯網的話語權。

元宇宙時代，多項技術奇點臨近，產業格局大潮湧動，科幻

場景日益成為現實，物理世界正在加速向數字世界遷徙。移動互聯網時代形成的舊秩序，也或將因為「元宇宙」帶來的新趨勢所發生改變。

技術上，核心詞是「升維」，人們本來生活在三維的空間中。過去因為技術原因，我們不得不接受信息世界的二維展開。在元宇宙中，二維世界的禁錮和束縛將被解放，人們可以自由進出三維的立體空間，接觸信息的詞彙也會發展變化，過去叫「上網」，未來叫「進元」。這是根本的變化。

簡單做個算數，視頻是由一幀幀的圖像構成，哪怕一秒的視頻，數據量也是圖像的 24 倍。在二維時代，網絡、晶片只要可以支持視頻，就算完成任務了。但是描述一個靜態的立體結構，數據量就是圖像的 6 倍，如果是一秒全息的立體結構的視頻，數據量就是圖像的 144 倍。如果再考慮到光影的變化，數據量還會成指數倍增加。盡管人們發明各種各樣的演算法，但是三維處理的數據量和計算的複雜程度，遠遠超過二維平面世界。

當數據量不夠，使用者會感到圖像模糊不清，當計算能力不足或者頻寬受限，用戶感受到的場景變換是卡頓的。

近幾年，晶片處理能力、網絡傳輸能力、演算法都得到了根本性的提升，這些高速發展的技術，以消費者可以接受的成本，被應用到新設備上，也就是 VR 頭盔和 AR 眼鏡。正是這類新設備的普及，我們離元宇宙的世界越來越近。

但是元宇宙，並不等於 VR/AR，就像智能手機不能等同於移動互聯網一樣。VR/AR 只是進入元宇宙的終端設備，元宇宙豐富多彩、亦真亦幻的場景和應用，還有人們進入元宇宙的所做、所

思、所想，才是元宇宙的精華所在。

在書中，我們總結了六個方面的技術，概括成一個易於傳播的詞彙——BIGANT（大螞蟻）。B 是指區塊鏈相關的技術，核心功能是可以確定元宇宙中人們的唯一身份，確定元宇宙中物體的產權歸屬。I 是指交互技術，包括語音、頭顯、手勢、腦機接口等等。總之人們和元宇宙的交互越來越自然，不需要長時間的訓練就能輕鬆掌握，G 是指以遊戲為代表的三維處理技術，包括空間計算、三維建模、渲染、全息聲場技術等等。因為這些技術率先應用於遊戲場景，所以用「G」來概括。A 指人工智慧，在元宇宙 AI 應用非常廣泛，可以是 NPC，也可以是物品的創造者。N 是下一代網絡技術。5G 甚至 6G 是元宇宙重要的基礎設施。T 指物聯網，包括感測器、數字孿生等等。

可以看到，過去幾乎所有的技術，都是元宇宙的鋪墊和基礎。沒有 BIGANT，我們就無法進入元宇宙，元宇宙也是這些技術最大的應用場景。它們相輔相成、互為因果、相互促進、交織發展。

當這些技術全面應用的時候，我們就能清晰地看到「舊秩序」和「新社會」的差別，我概括成五個成語——「自由自在、自然而然、隨時隨地、亦真亦幻、亦實亦虛」，這五個成語分別對應「創造、交流、交易、體驗、場景」，這與元宇宙的五個特徵「自由自在的創造、自然而然的交流、隨時隨地的交易、亦真亦幻的體驗、亦實亦虛的場景」是一一對應的，這也是區別於上一個時代互聯網的本質特徵。從這五個特徵出發，可以推演出技術發展的方向、產業變革的規律甚至預測巨頭的命運。

限於篇幅，我只對「自由自在的創造」這一特徵做簡要說明，

並由此引出物理世界和數字世界的理論根基問題和元宇宙經濟。

在元宇宙，各種元素擺脫了物理法則的限制，山可以漂浮在空中，水也可以倒流。物理法則是物理世界得以存續的根本法則。但是在數字世界，天然就不存在支配世間萬物的物理法則。即便有規則，也是人為設置的。這使得人們可以在元宇宙自由創造、任意表現，甚至可以自訂一套全新的「物理法則」來規定元宇宙中物體之間的關係。問題是這些自訂法則的依據是甚麼？

答案可能是心理學。人們用「0」「1」構造的 3D 國畫，是實實在在存在於元宇宙中的。這種「實在性」與傳統物體的「實在」不同。元宇宙的實在性，在於人們的心理感知，圍繞人們的視覺、聽覺、嗅覺、味覺和觸覺。科技進步雖然一日千里，但還有更多的領域需要人們進一步探索。譬如，全息聲場技術，這是在上一代互聯網根本不需要的技術，但卻是在營造逼真的沉浸感方面必不可少的技術，這項技術可以為人們在虛擬的三維空間中營造真實的聽覺體驗。

通過自由自在的創造，元宇宙中也出現了一類商品——純粹的數字商品，譬如 3D 國畫。這類商品自身具備藝術價值，其生產、流通、消費都在元宇宙中完成。由此，新的經濟體系產生，我們暫且可以稱之為「元宇宙經濟」。元宇宙的經濟和傳統經濟、數字經濟有甚麼不同？這些內容在本書中也有討論。

由於元宇宙經濟尚處於萌芽階段，理論基礎尚缺，我們姑且將其置於數字經濟的範疇內去考慮，在研究數字經濟時，不能割裂數字經濟、數字治理、數字安全。這些不同範疇的內容，事實上因為數據的內在統一性，而事實上統一在一起。元宇宙更是如

此，帶來的問題更為複雜，尤其涉及大眾心理，更需要和社會學進行更深入的融合，將其置於社會領域研究的視野之中，連接每個人的內心世界。所以，在書中，當我們框架性地描述完元宇宙經濟學後，就針對元宇宙的治理和安全問題進行了討論。

產業中的變革同樣令人振奮。在中國，字節跳動公司（抖音和 Tiktok 的母公司）斥資 90 億人民幣收購了 Pico（小鳥看看），這是一家製造 VR 頭盔的公司。在美國，Facebook 高調改名為 Meta，掀起又一輪的元宇宙熱潮。這兩家公司的關係較為微妙，在元宇宙領域的一系列動作令全球矚目。尤其是 Facebook，頻頻亮相發聲，以革命者的姿態向傳統的移動互聯網發起挑戰，劍鋒所指，產業格局已經到了巨變的前夜。

元宇宙代表了時代的變遷，每個人、每家企業、每個行業、每個城市、每個鄉村都將或早或晚進入元宇宙的世界中。或許人類的發展有兩條路徑，一條向外求，以物理學為基礎，通向宇宙的星辰大海；一條向內求，以心理學為基礎，構建元宇宙的精神世界。

不要忘記，我們的孩子都將生活在元宇宙的世界中。我們留給他們是的世外桃源還是駭客帝國？或許每個人都需要做出選擇。

趙國棟

2021 年 11 月 3 日
於北京石景山

序 一 「元宇宙」和 「後人類社會」

一

1992 年，尼爾‧斯蒂芬森（Neal Stephenson）的科幻小說《雪崩》（*Snow Crash*）出版，好評如潮。《雪崩》描述的是脫胎於現實世界的一代互聯網人對兩個平行世界的感知和認識。但是，不論是作者，還是書評者，都沒有預見到在 30 年之後，此書提出的「元宇宙」（Metaverse）概念形成了一場衝擊波。[①]

其標誌性事件就是 2021 年 3 月 10 日，沙盒遊戲平台 Roblox 作為第一個將「元宇宙」概念寫進招股書的公司，成功登陸紐交所，上市首日市值突破 400 億美元，引爆了科技和資本圈。這之

[①] 《雪崩》相關譯文：「名片背面是一堆雜亂的聯絡方式：電話號碼、全球語音電話定位碼、郵政信箱號碼、六個電子通信網絡上的網址，還有一個『元宇宙』中的地址。」在《雪崩》的中文譯本（郭澤譯，四川科學技術出版社 2009 年版）中，「Metaverse」被翻譯為「超元域」。

後，關於「元宇宙」的概念與文章迅速充斥各類媒體，引發思想界、科技界、資本界、企業界和文化界，甚至政府部門的關注，形成了「元宇宙」現象。

如何解讀這樣的現象，解釋「元宇宙」的定義？關於「元宇宙」最有代表性的定義是：「元宇宙」是一個平行於現實世界，又獨立於現實世界的虛擬空間，是映射現實世界的在線虛擬世界，是越來越真實的數字虛擬世界。比較而言，維基百科對「元宇宙」的描述更符合「元宇宙」的新特徵：通過虛擬增強的物理現實，呈現收斂性和物理持久性特徵的，基於未來互聯網的，具有連接感知和共享特徵的3D虛擬空間。

也就是說，2021年語境下的「元宇宙」的內涵已經超越了1992年《雪崩》中所提到的「元宇宙」：吸納了信息革命（5G/6G）、互聯網革命（Web 3.0）、人工智能革命，以及 VR、AR、MR，特別是遊戲引擎在內的虛擬現實技術革命的成果，向人類展現出構建與傳統物理世界平行的全息數字世界的可能性；引發了信息科學、量子科學、數學和生命科學的互動，改變了科學範式；推動了傳統的哲學、社會學，甚至人文科學體系的突破；囊括了所有的數字技術，包括區塊鏈技術成就；豐富了數字經濟轉型模式，融合 De-Fi、IPFS、NFT 等數字金融成果。

如今，「虛擬世界聯結而成的元宇宙」，已經被投資界認為是宏大且前景廣闊的投資主題，成了數字經濟創新和產業鏈的新疆域。不僅如此，「元宇宙」為人類社會實現最終數字化轉型提供了新的路徑，並與「後人類社會」發生全方位的交集，展現了一個可以與大航海時代、工業革命時代、宇航時代具有同樣歷史意義的新時代。

二

　　人類的文明史有多久，人類探討「宇宙」的歷史就有多久。公元前450年，古希臘哲人留基伯（Leucippus，約公元前500—前440年），從米利都前往一個叫阿夫季拉的地方，撰寫了一本著作《宇宙學》（*The Great Cosmology*）。之後，他的弟子德謨克利特（Democritus，約公元前460—前370年）又寫了《宇宙小系統》（*Little Cosmology*）一書。正是他們師生二人，構建了古典原子論和宇宙學的基礎。

　　當人類將自己的價值觀念、人文思想、技術工具、經濟模式和「宇宙」認知結合在一起的時候，被賦予特定理念的「宇宙」就成了「元宇宙」。在這樣的意義上，「元宇宙」經歷了三個基本歷史階段。

　　第一階段：以文學、藝術、宗教為載體的古典形態的「元宇宙」。在這個歷史階段，西方世界的《聖經》、但丁的《神曲》，甚至達・芬奇的《蒙娜麗莎》、巴赫的宗教音樂，都屬於「元宇宙」。其中，但丁的《神曲》包含了對人類歷經坎坷的「靈魂寓所」——一個閉環式的至善宇宙的想像。在中國，《易經》《河洛圖》《西遊記》則是具有東方特色的「元宇宙」代表。

　　第二階段：以科幻和電子遊戲形態為載體的新古典「元宇宙」。其中，最經典的作品是200年前雪萊夫人的科幻小說《弗蘭肯斯坦》（*Frankenstein*）和 J. K. 羅琳的《哈利・波特》（*Harry Potter*）。1996年，通過虛擬現實建模語言（VRML）構建的Cybertown，是新古典「元宇宙」重要的里程碑。最有代表性和震

撼性的莫過於 1999 年全球上映的影片《黑客帝國》（*The Matrix*），一個看似正常的現實世界可能被名為「矩陣」的計算機人工智能系統所控制。

第三階段：以「非中心化」遊戲為載體的高度智能化形態的「元宇宙」。2003 年，美國互聯網公司 Linden Lab 推出基於 Open3D 的「第二人生」（*Second Life*），是標誌性事件。之後，2006 年 Roblox 公司發佈同時兼容了虛擬世界、休閒遊戲和用戶自建內容的遊戲 *Roblox*；2009 年瑞典 Mojang Studios 開發《Minecraft》（我的世界）這款遊戲；2019 年 Facebook 公司宣佈 Facebook Horizon 成為社交 VR 世界；2020 年藉以太坊為平台，支持用戶擁有和運營虛擬資產的 Decentraland，都構成了「元宇宙」第三歷史階段的主要的歷史節點。

「元宇宙」源於遊戲，超越遊戲，正在進入第三階段的中後期：一方面，以遊戲為主體的「元宇宙」的基礎設施和框架趨於成熟；另一方面，遊戲與現實邊界開始走向消融，創建者僅僅是最早的玩家，而不是所有者，規則由社區羣眾自主決定。

Roblox 的 CEO David Baszucki 提出了「元宇宙」的八個基本特徵：身份（Identity）、朋友（Friends）、沉浸感（Immersive）、低延遲（Low Friction）、多元化（Variety）、隨地（Anywhere）、經濟系統（Economy）和文明（Civility）。基於 Baszucki 的標準，「元宇宙」＝創造＋娛樂＋展示＋社交＋交易，人們在「元宇宙」中可以實現深度體驗。

「元宇宙」正在形成其特定的構造。Beamable 公司創始人 Jon Radoff 也提出「元宇宙」構造的七個層面：體驗（Experience）、發現（Discovery）、創作者經濟（Creator Economy）、空間計算（Spatial

Computing）、去中心化（Decentralization）、人機互動（Human-computer Interaction）、基礎設施（Infrastructure）。

2020 年，在全球新冠肺炎疫情背景下，以下典型事件觸發了人們對「元宇宙」的期待。其一，虛擬演唱會：美國著名流行歌手 Travis Scott 在遊戲《堡壘之夜》（Fortnite）中舉辦了一場虛擬演唱會，全球 1230 萬遊戲玩家成為虛擬演唱會觀眾。其二，虛擬教育：家長們在沙盤遊戲《Minecraft》和 Roblox 上為孩子們舉辦生日派對。其三，虛擬金融：CNBC 報道「元宇宙」的地產浪潮，投資「元宇宙」資產基金的設立，全方位虛擬化「元宇宙」資產和財富模式正在形成。其四，學術活動虛擬化：全球頂級 AI 學術會議 ACAI 在《動物森友會》（Animal Crossing Society）上舉行研討會。其五，虛擬創作：Roblox 影響了整個遊戲生態，吸引的月活躍玩家超一億人，創造了超過 1800 萬個遊戲體驗。

如此下去，人們很快可以隨時隨地切換身份，穿梭於真實和虛擬世界，任意進入一個虛擬空間和時間節點所構成的「元宇宙」，在其中學習、工作、交友、購物、旅遊。對於這樣的經濟系統、社會系統和社會生態，人們目前的想像力顯然是不夠的。

三

2021 年可以被稱為「元宇宙」元年。「元宇宙」呈現着超出想像的爆發力，其背後是相關「元宇宙」要素的「羣聚效應」（Critical mass），近似 1995 年互聯網所經歷的「羣聚效應」。

要真正理解「元宇宙」，必須引入技術視角。在技術視角下，技術意義的「元宇宙」包括內容系統、區塊鏈系統、顯示系統、操作系統，最終展現為超越屏幕限制的 3D 界面，所代表的是繼 PC 時代、移動時代之後的全息平台時代。

支持「元宇宙」的技術集羣包括五個板塊：其一，網絡和算力技術 —— 包括空間定位算法、虛擬場景擬合、實時網絡傳輸、GPU 服務器、邊緣計算，降低成本和網絡擁堵；其二，人工智能；其三，電子遊戲技術 —— 例如，支持遊戲的程序代碼和資源（圖像、聲音、動畫）的遊戲引擎；其四，顯示技術 —— VR、AR、ER、MR，特別是 XR，持續迭代升級，虛擬沉浸現實體驗階梯，不斷深化的感知交互；其五，區塊鏈技術 —— 通過智能合約，去中心化的清結算平台和價值傳遞機制，保障價值歸屬與流轉，實現經濟系統運行的穩定、高效、透明和確定性。「元宇宙」是以「硬技術」為堅實基礎的，包括計算機、網絡設備、集成電路、通信組件、新型顯示系統、混合現實設備、精密自由曲面光學系統、高像素高清晰攝像頭。2021 年，虛擬現實穿戴設備製造商 Oculus 的最新 VR 產品銷量持續超預期，再次點燃了市場對於虛擬現實的想像。「元宇宙」形成的產業鏈將包括微納加工，高端製造，高精度地圖，光學製造（如衍射波導鏡片、微顯示和芯片製造），以及相關的軟件產業。最終，「元宇宙」的運行需要物理形態的能源。

四

　　「元宇宙」是具象的，也是抽象的。具象的「元宇宙」是以抽象的「元宇宙」為基礎的。

　　抽象的「元宇宙」首先是數學意義的「元宇宙」。抽象代數很可能是研究「元宇宙」的數學工具。因為抽象代數基於「羣、環、域」的概念，通過研究確定一個對象集合的性質以理解與解決另一個對象集合中的複雜關係問題，尋找可能存在於它們之間的某種集合元素對應變換的等價性，符合「第一羣同構定理」，現實世界與虛擬世界之間存在對稱和映射關係。如果 R 是現實世界的客體元素集合，R´ 是虛擬世界或「元宇宙」中的虛擬元素集合，進而 R´ 是對現實世界 R 的縮小或壓縮，即虛擬世界 R´＜現實世界 R。所謂的「元宇宙」則是現實世界 R 與虛擬世界 R´ 之和。

　　簡言之，抽象代數所建立的同態映射與同構模型，有助於理解「元宇宙」。

　　此外，還有一個被稱為「自然轉型」（natural transformation）的理論，屬於「範疇理論」（Category theory）分支，描述兩個數學結構如何存在映射關係，也有助於從抽象數學層次理解「元宇宙」形成的深刻原理。

　　量子力學也有助於對於「元宇宙」的抽象性理解。在可以觀測的宇宙，其大部分的組成來自佔 26.8% 的暗物質和佔 68.3% 的暗能量。不僅如此，物質 99% 的空間都是空的。唯有量子、粒子作為一個零維的點，可以穿過堅不可摧的牆，同時存在於兩個地方。當環境發生變化時，量子可以改變自身的狀態。由此可見，量子

力學與全息宇宙的理論存在極大的重合性。

整個宇宙可以被看作一個二維的結構，加上人類信息，構成三維世界模式。在新的模式中，所有存在的事物都可以編碼成量化的意識。或者說，人們的記憶主要依靠的是不同的意識時刻編碼形成的信息。

美國維克森林大學醫學院的羅伯特·蘭扎（Robert Lanza）教授指出：人們的意識創造了宇宙，而不是宇宙創造了人們的意識，時空是「意識工具」。沒有意識，所有的物質都會處在一個不確定的狀態下。不僅如此，時間不是真的存在，空間也只是人們感知事物的一個概念。任何關於時間和連續性的看法實際上都是一種錯覺。

經過量子力學所詮釋的「元宇宙」，就是那些可以完美描述我們所有經歷的一個又一個意識的「信息塊」。在這樣的意義上，「元宇宙」是全息的。

五

面對正在形成，甚至很快進入「大爆炸」階段的「元宇宙」，不得不回答「元宇宙」的主體是甚麼，即「元宇宙」的原住民是誰。

在「元宇宙」的早期，真實世界中的人們通過數字映射的方式獲得虛擬身份，通過數字化，實現對傳統人的生理存在、文化存在、心理和精神存在的虛擬化配置，進而成為「元宇宙」的第一代虛擬原住民。這些原住民具備現實人與虛擬人的雙重身份，擁有

自我學習的能力，可以在「元宇宙」中互動和交流。若干年前上映的科幻電影《銀翼殺手 2049》展現了未來社會的「人類」構成：生物人、電子人、數字人、虛擬人、信息人，以及他們繁衍的擁有不同的性格、技能、知識、經驗等天賦的後代。

可以肯定，未來的「元宇宙」居民勢必多元化，只會比《銀翼殺手 2049》中的社會更為複雜，每個個體都不會只具有單一身份，而是具有複雜身份，生命也是從有限生命到無限生命。

如果說「元宇宙」的本質是「信息塊」，那麼，「信息視角下的生命」是甚麼？作為信息人、數字人、虛擬人，完全可以想像一個由信息構成的網絡。

「元宇宙」的主體，生物人、電子人、數字人、虛擬人、信息人，最終都演變為有機體和無機體，人工智能和生物基因技術的結合，形成所謂的「後人類」。其實，在過去的三四十年間，「後人類」問題已經引發一些學者的關注和研究。

美國後現代主義學者唐娜・哈拉維（Donna Haraway）發表《賽博格宣言：20 世紀 80 年代的科學、技術以及社會主義女性主義》（*A Manifesto for Cyborgs*: *Science*，*Technology*， *and Socialist Feminism in the 1980s*）一文，將後人類命名為「賽博格」，他們在未來世界將行走於生物體和機器之中，是虛擬和現實之間的新形態人類。

美國的未來學家雷蒙德・庫茨魏爾（Ray Kurzweil）於 1986 年出版的《智能機器人的時代》（*The Age of Intelligent Machines*）一書中，將人類社會的進化概念分成了六個紀元：第一紀元，物理和化學；第二紀元，生物與 DNA；第三紀元，大腦；第四紀元，技術；第五紀元，智慧和技術的結合；第六紀元，宇宙的覺醒。

在這個階段，傳統人類成為非生物人類，也就是半個機器人，升級成人類 3.0 版本，宇宙面臨奇點的最終命運。

美國社會學家弗朗西斯・福山（Francis Fukuyama）在他的著作《我們的後人類未來：生物技術革命的後果》（*Our Posthuman Future: Consequences of the Biotechnology Revolution*）中指出：現代生物技術生產的最大危險在於它有可能修改乃至改變人類的本性，「人性終將被生物技術掏空，從而把我們引入後人類的歷史時代」。

現在，現實人類和他們創造的虛擬人，正在形成新的社會關係與情感連接，成為開拓「元宇宙」邊界的先驅者，並在虛擬新大陸上構建「後人類社會」。

值得注意的是，1990 年左右出生的「Y」世代人羣，對即時通信、網遊、雲計算具有天然的接受能力，更在意生活體驗，是同時生活在現實世界和虛擬世界的第一代，帶動了「YOLO（You Only Live Once）文化」的興起。但是，2010 年之後出生的新一代，則是人類歷史上與生俱來與尖端科技互動，並將科學技術進步完全融入自己生活的第一代人，也將是「元宇宙」完全意義的「原住民」，已經開始參與「元宇宙」的構建，推動「元宇宙」向更高階的維度發展。

也可以將「後人類社會」形成過程想像為生命形態從所謂的「碳基生命」向「硅基生命」過渡的過程。其間自始至終會存在兩種演變：一種演變是生物學的、信息論的、技術的演變；另一種演變則是倫理、文化和社會層面的。這兩種演變都同時充滿期望和難以預期風險的前景。有一種說法：在未來，90% 以上的人類活

動，如科研、藝術、教學、開發、設計，都會在元宇宙中進行 [1]。所以，如何評估「元宇宙」模式的風險，需要儘早提上日程。

六

「元宇宙」時代的到來，不是未來時，而是現在進行時。因此，有一系列新的問題需要考量：

第一，如何確定「元宇宙」的價值取向、制度選擇和秩序。在現實世界，當下的人類具有完全不同的甚至對立的價值取向，還有不同信仰，特別是宗教信仰。所以，「元宇宙」需要面對這些富有挑戰性的課題：如何避免簡單複製現實世界的價值觀？如何實現「元宇宙」的「制度」設計？在「制度」設計中要不要堅持自由、主權、正義、平等之類的原則？怎樣確定「元宇宙」的秩序和運行規則？何以制定「元宇宙」憲章？簡言之，如何確定支持「元宇宙」文明框架的體系？

第二，如何制定「元宇宙」內在的經濟規則。在「元宇宙」中，不存在人類經歷的農耕社會和工業社會，也不存在現實世界的傳統產業結構。在「元宇宙」中，「觀念經濟」將是經濟活動的基本形態，金融貨幣的天然形式不可能再是貴金屬，而是虛擬的社會貨幣。現在，處於早期階段的「元宇宙」經濟體系，可以移植和試驗

---

[1] 參見吳嘯《「元宇宙」——21 世紀的出埃及記》。

所有數字經濟創新成果，包括各類數字貨幣，試驗合作經濟、共享經濟和普惠金融，消除在現實世界難以改變的「貧富差距」。

第三，怎樣避免「元宇宙」內在壟斷。「元宇宙」具有避免被少數力量壟斷的基因。Roblox 的聯合創始人 Neil Rimer 提出：Metaverse 的能量將來自用戶，而不是公司。任何單獨一家公司是不可能建立「元宇宙」的，而是要依靠來自各方的集合力量。Epic 公司 CEO 蒂姆・斯威尼（Tim Sweeney）也強調：「元宇宙」另一個關鍵要素在於，它並非出自哪一家行業巨頭之手，而是數以百萬計的人們共同創作的結晶。每個人都通過內容創作、編程和遊戲設計為「元宇宙」做出自己的貢獻，還可以通過其他方式為「元宇宙」增加價值。2020 年，中國內地流行一種「全真互聯網」的概念。這樣的概念忽視了互聯網與區塊鏈結合的趨勢，以及 Web 3.0 的非中心化的特徵。「全真互聯網」讓人們想到金庸小說《射雕英雄傳》與《神雕俠侶》所描寫的江湖世界中的那個「全真派」。

第四，如何預防「元宇宙」的霸權主義和「元宇宙」之間的衝突。在未來，「元宇宙」並不是「一個」宇宙，新的「元宇宙」會不斷湧現，形成多元化的「元宇宙」體系，如同「太陽系」和「銀河系」。不僅如此，「元宇宙」是開放的，任何一個「元宇宙」的居民都可以同時生活在不同的「元宇宙」中。「元宇宙」也存在進化，在這樣的場景下，需要建立「元宇宙」之間和諧共存的規則，消除人類曾經構想的「星球大戰」的任何可能性。

第五，如何維繫現實世界和「元宇宙」之間的正面互動關係。可以預見，因為「元宇宙」，人可以同時棲息在真實與虛擬世界中，導致人的神經感知延伸，意識擴展。「元宇宙」的形成與發展，需要與現實世界互動，實現兩個世界從理念、技術到文化層面的互

補和平衡，形成新的文明生態。在「元宇宙」早期階段，兩個世界的互動關係還是通過現實人類不斷改變存在身份，以及虛擬機和預言機作為技術性媒介實現的。如果人類和他們的虛擬生命在「元宇宙」的社會活動和生活方式中獲得更多的幸福，將這樣的感受和體驗帶回到現實世界，有利於現實世界向善改變，有助於深刻認知「人類共同體」理念。

第六，如何協調資本、政府和民眾參與創建「元宇宙」。創建「元宇宙」，政府、資本和民眾都有各自的功能。在早期，政府的作用相當重要。2021 年 5 月 18 日，韓國宣佈建立一個由當地公司組成的「元宇宙聯盟」，其目標是建立統一的國家級 VR 和 AR 的增強現實平台，釐清虛擬環境的道德和法律規範，確保元宇宙「不是一個被單一大公司壟斷的空間」，將虛擬服務作為一個新的公共品。韓國的「元宇宙聯盟」構想值得我們關注和學習。

對上述問題的考量，其實都沒有徹底擺脫和超越作為當下「人類」的思考模式。如果是「元宇宙」的全新思考範式，就應該相信，「元宇宙」一旦形成，就會有自己的生命力，以及自我調整和演變的內在動力。

七

人類在關注和參與「元宇宙」的形成與發展過程中，傳統的生命概念、時空概念、能量概念、族羣概念、經濟概念和價值觀念都會被改變和顛覆，觸及哲學，甚至倫理學。

因為「元宇宙」，導致人們重新思考基本的哲學概念：先驗知識、存在和存在主義、經驗主義、二元論、語言本質、超現實社會、單向度，進而影響對以下哲學家所提出的哲學思辨的認知。

第一，笛卡兒（René Descartes）的「二元論」。笛卡兒認為，心靈和身體是兩個不同的領域，進而提出是否存在支配兩者的普遍法則的問題。在「元宇宙」世界，心靈和身體發生重合，完全實現了「我思故我在」。只有在認識論（epistemology）的意義上，世界才是依賴主體的，或者說是主體建構了世界的性質。

第二，薩特（Jean-Paul Sartre）的「存在」與「虛無」的關係。薩特的代表作《存在與虛無》（*L'Être et le Néant*），通過「存在與虛無」的二元性代替了「物與人」的二元性，進而提出人被虛無所包圍，虛無即是人的真實存在，人終究被非存在所制約。所以，人就是虛無，並且是一切虛無之源。而「元宇宙」的本質，實現了存在和虛無的真實「關聯」和「統一」。

第三，福柯（Michel Foucault）的「我應該是甚麼」。根據福柯的《詞與物》（*Les Mots et les choses: une archeologie des sciences humaines*），在 18 世紀末以前，並不存在人。「人」是新近的產物，是現代認識型的產物。因此，在《詞與物》一書的最後一頁寫道：「人將被抹去，如同大海邊沙地上的一張臉。」於是，「人之死」（Death of men）就不可避免。福柯的後現代理論對現代體制的質疑，為虛擬空間和「元宇宙」造就替代傳統人類的「新人類」提供了合法性緣由。

第四，海德格爾（Martin Heidegger）和維特根斯坦（Ludwig Wittgenstein）的「語言就是世界」。海德格爾認為，語言並不是一個表達世界觀的工具，語言本身就是世界。維特根斯坦的語言理

念則是：語言就是遊戲，也是一種生活形式。「元宇宙」的語言系統不同於傳統人類自然語言，而是計算機程序語言，以及代碼轉化的文本、聲音、圖像、視頻，以及其他符號形式，進而構成新的文明規則。所以，其中的活動與遊戲，以及語言遊戲之間並沒有清晰的邊界。如果海德格爾和維特根斯坦看到「元宇宙」的語言深層結構，他們會重新定義語言與人類社會活動的關係。

第五，博德里亞爾（Jean Baudrillard）的「大眾化的虛無世界」。博德里亞爾在他的《在沉默的大多數的陰影下》（*À l'ombre des majorités silencieuses*）中，表現出對當代社會的敏銳觀察：舊的階級結構瓦解，傳統社會秩序的所有支點都不可避免地「中性化」，進入了所謂的大眾化的虛無世界，或者虛無狀態，現實與虛構之間的界限已經消失。不得不承認，「元宇宙」就是現代社會走向虛無趨勢的一種具有積極意義的顯現。

結束本文的時候，要對中國歷史上的哲人充滿崇敬之心。南宋哲學家陸九淵（1139—1193 年）在延續自戰國時代關於「宇宙」的詮釋，即「四方上下曰宇，往古來今曰宙」的基礎上，進而提出「宇宙便是吾心，吾心即是宇宙」，確認了「心學」的內核。之後的明朝哲學家王陽明（1472—1529 年）將「心學」提到了前所未有的高度，指出「無心外之理，無心外之物」。當今，要認知「元宇宙」的真諦，需要參透陸九淵和王陽明深邃的思想。

朱嘉明
著名經濟學家
珠海市橫琴新區數鏈數字金融研究院學術與技術委員會主席

2021 年 6 月 12 日

序二

「元宇宙」與「區塊鏈」

　　我一直十分關注「元宇宙」的概念，這個概念與區塊鏈密不可分，卻具有更加宏大的意義，兩者相輔相成。可以說，正因為有了區塊鏈，元宇宙才能從平平無奇的「虛擬世界」躍遷到開天闢地的「宇宙」。

　　區塊鏈是一個全球性、安全、點對點的網絡，但在全球範圍內，它並不是第一個點對點網絡，也不是第一個應用密碼技術的網絡，更不是第一個允許人們遠距離交流的網絡。全球 P2P 文件共享網絡 BitTorrent 已經存在了 15 年，讓世界各地的人共享網絡資源；它也作為一個平台讓相距很遠的人仍然可以很容易地相互交流。區塊鏈也並不是第一個做到這一點的技術。互聯網在過去的幾十年中已經取得了很大的進步。

　　密碼學（讓人們相互信任的技術）已經有近 40 年的歷史，它允許我們進行遠程交互而不需要信任參與這個過程的每個人。在使用因特網時，幾乎所有計算機或電話與運行某些應用程序的服務器之間的通信都是加密的。

　　密碼學非常有價值。密碼學確保消息的內容只能被打算閱讀它的人看到，保證消息的內容不會在此過程中更改，也確保消息的發送者是他們所說的自己。

但有很多東西是密碼學無法實現的。比如：密碼學無法告訴你消息是何時創建或何時發佈的，它不能證明某些信息在一段時間之前就存在了，也不能證明某人是否確認了該信息。密碼學無法使參與者達成一致共識。在金融體系中，如果每個參與者對所有人資產的共同價值沒有共識，金融體系就無法運轉。密碼學不能提供經濟激勵，因為它不能提供股權證明和支付渠道，然而許多技術在很大程度上依賴於經濟激勵。密碼學不能證明來自真實世界的信息。你無法用數學方法證明香港的溫度是 100 華氏度，也無法用數學方法證明美元對港元的匯率是 1：7.18。現實世界的大部分事情是無法證明的。

雖然區塊鏈不能解決所有問題，卻解決了加密技術不能解決的許多問題。

區塊鏈技術不是簡單的點對點網絡和密碼技術的線性組合，最重要的是它讓全部的區塊鏈網絡參與者取得共識。區塊鏈網絡中的每個節點，都成了歷史的見證者，從而避免了因缺乏信任而無法完成操作。

我們現在擁有的大多數應用程序都試圖使用某種集中式數據庫。因為某些應用程序在互聯網上有相當大的數據庫（如 QQ、微信、支付寶等），所以近年來有許多壟斷情況出現。

應用程序的用戶越多，想要查看數據庫的用戶就越多，其他用戶便有更多的機會可以快速、輕鬆地與已經存在的用戶進行交互。這意味着，對於一個小公司而言，即使產品再好也難以與大公司競爭。

區塊鏈的數據庫和賬本不依賴特定公司存在。兩個不同的公司可以以分佈式數據庫和密碼學保護用戶隱私，獲得網絡效應帶

來的好處，躲避大公司的壟斷，這樣一來，大公司主導某個行業的情況就再難發生。

有很多網站已經有了明顯的網絡效應，但其數據不被特定公司控制，維基百科就是一個很好的例子。人們所做的不僅是分享信息，還可以分享共識，甚至餘額、賬戶。

所以當你在一個建立在區塊鏈上的、完全開放的平台時，其強大的網絡效應會讓你更容易地享受到應用程序帶來的好處。這不僅局限於一個行業，它可以跨越不同的行業和國家。

區塊鏈的應用領域非常廣闊，囊括支付、預訂、個人身份認證等。

支付最先發揮作用。人們對代幣、貨幣、各種金融工具都很感興趣。舉一個非常有趣的例子，在一些願意提升透明度的領域中（如慈善組織），對於那些對公開預算使用情況有需求的國家，區塊鏈支付在這些領域大有裨益。

雖然我們現在能用區塊鏈訂火車票、訂旅館、訂機票，但在這些過程中，還有很多低效之處需要改進，而區塊鏈最能發揮作用的領域就是協調多方參與場景。

這些年有些人一直在推的「上鏈」進展並不明顯。一個很重要的原因是，上鏈資產和實物很可能存在不一致的情況，而這無法通過區塊鏈網絡自身來得到保證。但是在元宇宙中，所有的資產都是數字化的，天然就存在於網絡上。嚴格意義上來說，元宇宙的所有資產都可以基於區塊鏈網絡。上述種種好處，尤其能避免元宇宙中數字資產集中於大公司手中，導致創新的小企業舉步維艱。區塊鏈保障了元宇宙居民自身擁有數據的權利，把數據的權利歸還給元宇宙的居民。

元宇宙對於區塊鏈的發展同樣至關重要。元宇宙的數字資產規模很可能在很短的時間內就會超越物理世界，在高速增長的環境中，區塊鏈更能大展拳腳。

　　現在全世界都在關注中國，關注中國元宇宙。我相信，元宇宙在中國的未來是光明的。我們要運用好區塊鏈技術，完善區塊鏈技術，推動元宇宙的發展。儘管元宇宙中的居民生活在不同的國家，但元宇宙是超越國界的。我也在關注中國的理念，譬如「人類命運共同體」。雖然這個理念和中國的歷史一樣古老，卻和最潮的元宇宙的精神內核息息相通。在元宇宙中，我們藉助區塊鏈技術實現了同一個元宇宙的共同體；在每一個元宇宙中，他們都休戚與共。

　　祝福中國，祝福《元宇宙》！

維塔利克·布特林

電腦工程師　以太坊共同創辦人

2021 年 7 月 22 日

序三 元宇宙：新一代無限網絡

甚麼是「元宇宙」？

正所謂「一千個人眼裏就有一千個哈姆雷特」。

解釋甚麼是元宇宙，也可以有多個角度、多個層次。

而我，更願意從「人」的角度來解釋甚麼是「元宇宙」。

元宇宙是人類數字化生存的最高形態。互聯網讓人有了線上「化身」，於是，有人說，「在互聯網上，沒有人知道你是一條狗」；元宇宙讓人有了數字世界的「分身」：一個虛擬數字人的你，既與現實世界的你是數字孿生的一對，又是原生於數字世界的另一個你，可能比現實世界的你要更豐富多彩、生動靈現、角色多元。元宇宙也是人的社會、人的世界。只不過，它是人的虛擬社會、人的數字世界。

因此，元宇宙本質上也會像過去幾千年的現實社會一樣，人類總是在致力於使其繁衍生息、綿綿不絕。越深入了解元宇宙，越覺得它像極了哲學家、宗教學者詹姆斯・卡斯描繪的「無限的遊戲」。在無限的遊戲裏，沒有時間、空間，沒有結束、終局；只有貢獻者，沒有輸者贏家；所有參與者都在設法讓遊戲能夠無限持續下去。正如他在《有限與無限的遊戲》一書中所說「無限遊戲的參與者在所有故事中都不是嚴肅的演員，而是愉悅的詩人。這一

故事永遠在繼續，沒有盡頭」。很難設想元宇宙會類似競技運動或者博彩遊戲。你的數字「化身」，生命週期可以是無限的，尤其是在 AI 的幫助下，甚至可以讓你在身後活出更大的精彩。

複雜系統科學發源地聖塔菲研究所的前所長、物理學家傑弗里・韋斯特在其《規模：複雜世界的簡單法則》一書中，探討了生物、企業、城市的成長與消亡的週期問題。城市的興衰跨越數百年，而企業的興衰平均只有數十年。沒有任何一家企業的壽命能夠超越一座城市。其中一個最重要的原因就在於企業是一個自上而下的封閉系統，以市場競爭為手段，以追求利潤最大化為目標，因此總是遵循邊際成本遞增、邊際收益遞減的規律。規模永遠是企業不可逾越的「邊界」；而城市則是一個開放、包容的系統，呈現出生態體系的特徵。城市的人口數量每增加 1 倍，公共配套設施只需要增加 0.85 倍，而知識傳播、工作崗位和創新能力，都會因為人羣的集聚而成倍增長。城市遵循的是規模成本遞減、規模收益遞增的規律。

元宇宙就是這樣一個規模成本遞減、規模收益遞增的生態系統，因此能生生不息、延綿不絕。

這樣一個「無限遊戲」的元宇宙，它的治理結構是分佈式、去中心、自組織的。加入元宇宙是無須許可的，沉浸在元宇宙中是自由自在的。元宇宙制定規則依靠的是共識，遵守規則依靠的是自治。

這樣一個「無限遊戲」的元宇宙，它的經濟模式是「利益相關者制度」。價值共創者就是利益共享者，沒有股東、高管、員工之分。所有參與者「共建、共創、共治、共享」。

這樣一個「無限遊戲」的元宇宙，它的商業模型是創作者驅

動。互聯網是消費者驅動，用戶數是互聯網估值的核心指標。區塊鏈是技術開發者驅動，開發者社區的建立是區塊鏈成功的標誌。元宇宙是內容創作者驅動，豐富多彩、引人入勝的內容是元宇宙「無限遊戲」的關鍵。

元宇宙不是下一代互聯網，而是下一代網絡。CT 技術構成了通信網絡；計算機互聯網構成了信息網絡；而人類社會邁入數字化時代，AI、雲計算、區塊鏈等構成了數字網絡。元宇宙是新一代的網絡：數字網絡。

趙國棟、易歡歡、徐遠重三位朋友，思維敏捷、唯實唯新！當他們告訴我，他們合作寫了一本關於元宇宙的著作時，我着實驚訝於他們的眼疾手快！細讀書稿，獲益良多！於是本着寫一個讀書筆記的初衷，欣然應允為本書作序，祝《元宇宙》一紙風行，洛陽紙貴！

肖　風

萬向區塊鏈公司董事長

2021 年 7 月 28 日

序四

元宇宙，人類的初心

　　三位年輕人聚在一起，寫了一本通俗讀本，把剛剛火起來的新詞「元宇宙」條分縷析，形成一門學問。對傳統學者而言，以一個月的高談闊論成書過於草率魯莽。不過，對於站在數字世界邊緣的新生代們，這已經是姍姍來遲了。我熟悉這三位年輕人，他們都是馳騁在移動互聯網、大數據和區塊鏈三個領域的資深玩家，是充滿激情的佈道者。「弄潮兒向濤頭立，手把紅旗旗不濕」。

　　翻閱全書，多有饒舌燒腦處，跌跌撞撞，卻又藕斷絲連，具有邏輯張力。從遊戲引爆「元宇宙」開始，展開了一個以網絡、數字和人工智能為基礎的虛擬世界。從比特幣到 NFT，將混沌初開的幻象彼岸過濾成萬千獨一無二的可交易產品和場景。在書中，傳統的價值體系被無情拋棄，習慣的經濟學、社會學和政治學規則逐一失靈。歸根結底一句話，新生代的共識才能創造「元宇宙」的價值。

　　龐雜的架構、突兀的詞語、鬆散的邏輯、急促的分析，這本書看上去似乎不那麼成熟，作者沒有提供任何解決方案，但給了讀者無限的解讀空間和自由的想像空間。有趣的是，三位作者仍然站在傳統的大陸上向未來的新世界努力投射智慧光芒，各種假

設、各種預期、各種指標，甚至各種「基礎設施」建議。不過，「元宇宙」已經使人類切斷了基因臍帶的全新結構，在無限的「0」與「1」的組合中衍生自己的命運了。

過去 100 年裏，人類基本解決了衣食住行這些現實世界的種種困擾。

過去 30 年裏，人類創造了可以承載精神寄託的網絡平台和數據工具。

現實世界中我們無法企及的幻想和難以排解的焦慮，可以在平行的精神「元宇宙」中解放了，何其快哉也！

我們在「元宇宙」裏肆意放縱的意志和天馬行空的臆想終於得到釋放，而且，還可以下凡到現實世界裏小試鋒芒，更是痛快淋漓！

人類歸根結底是精神生物，幾千年的產業文明積累讓我們享受物質化生存，而幾十年的互聯網和數字革命則讓我們回歸精神社會。

「元宇宙」—— 才是人類初心。

7 月 15 日，在北京瑞吉酒店的蓋亞星球大會講演上，我對約 300 名被稱為 Z 世代人類的年輕大學生講道，「元宇宙」不是一個，而是無數個。每個人都有自己的「元宇宙」，每個人還可以有許多個同時疊加的「元宇宙」。你們這一代遠比我們這些還在現實世界中掙扎的傳統一代更加快樂和有創造力。

「元宇宙」不同於哲學家的冥想空間，這是一個數據化、網絡化、智能化的大千世界，我們可以設計、編輯、運行、體驗和把握的超現實世界，而且可以關聯、干預、創造和操控我們生存的現實世界。

理解了「元宇宙」，我們才能更好地理解和享受我們的現實世界。

推薦大家讀一讀這套書，一起開啟未來的智識歷程。

王　巍

金融博物館理事長

2021 年 7 月 19 日

理論的突破，很難從大而全的概括中產生。世界紛繁複雜、萬物普遍聯繫。因此，研究理論、總結規律需要幾個條件：其一，合理的取捨，從萬物普遍聯繫中，分離出那些最具代表性、先進性，變化程度最高的典型案例。其二，研究這些案例，找到原子級別不可再分的構成要素；研究這些要素的特徵和要素間的關係，甚至定義出原子級別的操作。其三，回歸到整體，整體的問題還需要整體求解，看看得出的結論是否經得起時間和其他要素的檢驗。

元宇宙經濟就是數字經濟的最佳範例，從元宇宙入手，就可以得出和傳統經濟學，包括秉承新自由主義經濟學和新制度經濟學的所有經濟學家完全不同的結論。雖然我們還不能說完全推翻了這些傳統經濟學的種種教條，但是一個完整的、先進的經濟學體系正在建立。元宇宙經濟學的先進性，恰恰在於元宇宙實踐的特殊性。

元宇宙是一個完整、自洽的經濟體系，是純粹的數字產品生產、消費的全鏈條。從商品的屬性來看，元宇宙經濟學和傳統經濟學相同，遵循相似的供需規律，但是從商品生產、消費的全鏈條來看，又完全不同。元宇宙中的商品，完全是在元宇宙中製造和消費的，層層剖析到最後，無非是「0」「1」的排列組合。從某種

意義上來看，元宇宙的商品是脫離物理世界的單獨存在，儘管它們之間可以發生千絲萬縷的聯繫。

　　依據元宇宙的特性，我們可以把經濟劃分為兩種類型：以實物商品為主要研究對象的傳統經濟和以數字商品為主要研究對象的元宇宙經濟。數字經濟是以數字要素作為關鍵生產資料的經濟活動。傳統經濟升級的方向是數字經濟，數字經濟中最活躍、最徹底、變化最劇烈的部分，恰恰是元宇宙經濟。因此，元宇宙經濟中蘊含的經濟規律就具備了普適性。長期以來，傳統經濟學的研究已經進入誤區，走進了封閉、保守的圈子。傳統經濟學家對信息科技引起的變化不敏感，在社會變化最劇烈的領域幾乎整體性失聲，相反，未來學家大行其道。傳統的西方經濟學已經失去了解釋世界變化的能力，更談不上預測未來。經濟學亟須在繼承中創新，在創新中昇華，形成新的經濟理論體系。元宇宙經濟的特殊性體現在數字商品的創造和消費中，數字商品不消耗任何的物理世界的「物質」，也不存在物理世界的倉儲、物流等問題，在某種意義上呈現「量子」的特性。本質上數字商品，或者更嚴格地說，數字物體都是「離散」的、不遵循任何物理規律的，所有在元宇宙呈現的「規律」都是代碼規定的人工規律，可以模擬任何物理

規律，譬如量子糾纏、瞬間移動等。在元宇宙中，時間和光速都是可以任意修改的參數。

元宇宙也是五臟俱全的社會，阿凡達們在不同的元宇宙中可能代表人們真身的某個側面。善良的愈加善良，邪惡的愈加邪惡。物理世界的任何政府，無論秉持甚麼樣的意識形態，總是要懲惡揚善的，總是要以保護生命為主並將其作為基礎的社會價值。但是就像神話中創世之後有天堂和地獄之分，元宇宙中也有地獄一樣的存在。這些問題，第五章將詳細探討。

元宇宙天然是「原子性」的，所有物品、關係、規則，最終都體現在二進制代碼「0」「1」的排列組合中。我們無法在元宇宙中再細分這兩個最小的組成單位。物理世界則不同，一路「細分」下來，發現原子，原子組成要素有質子、中子、電子，再細分發現質子、中子由「夸克」組成，再研究夸克，發現其不過是一份份離散的能量。科學家開始用「弦」來描述「夸克」，那用甚麼來描述「弦」呢？按照弦論的觀點，宇宙不過是幾種「弦」不同振動方式構成的一首華麗的樂曲而已。宇宙和元宇宙到底哪個才是更真實的存在呢？

還好，至少元宇宙的原子性和離散性是確切無疑的。基於原子性的要素，人們可以定義基礎的原子性的操作，周全而無遺漏。布爾代數完全窮盡了「0」和「1」的所有操作。元宇宙同物理世界的關係，可以通過採樣定理 [①] 決定，物理世界可以在元宇宙中被精

---

① 採樣過程所應遵循的規律，又稱取樣定理、抽樣定理。採樣定理説明採樣頻率與信號頻譜之間的關係，是連續信號離散化的基本依據。在進行模擬 / 數字信號的轉換過程中，當採樣頻率 $f_{s.max}$ 大於信號中最高頻率 f_{max} 的 2 倍時（$f_{s.max} > 2f_{max}$），採樣之後的數字信號完整地保留了原始信號中的信息，一般實際應用中保證採樣頻率為信號最高頻率的 2.56—4 倍。

確還原，譬如在元宇宙中可以構建宏觀物體的量子態。反之則未必成立。

比特幣定義了金融場景的原子操作，就是點對點的貨幣支付。所有金融行為，最終都可以歸結為點對點貨幣支付。由點對點金融支付，可以衍生出所有的金融業務。以太坊定義了數據變換的原子操作，就是點對點的數據變換，可以通過編程的方式實現任何點對點的數據變換，並且確保這種變換是不可逆的、不可被篡改的。這就實現了元宇宙社會中，關於「信任」「信用」的原子性操作。

利用區塊鏈技術，可以讓任意的被加密的「一段數據」成為數字資產，給無差別的「數據」打上了獨一無二的「身份」標籤。從而數據變成了資產，具備有償流通的可能性，進一步衍生出經濟行為，發展為充滿活力的商業世界。

滿足人們生理需求的物理世界和滿足人們精神需求的虛擬世界，在人的需求層次上是一個整體。儘管在物理世界中，也可以滿足部分的精神需求。這兩個世界並不是物理意義上的「平行宇宙」，而是緊密的、相互聯繫的，人是其中重要的紐帶。無論是在物理世界還是虛擬世界，人類都可以獲得知識，虛擬世界知識的豐富性甚至遠超物理世界（如訓練飛行員的模擬艙）。因此不能把物理世界和虛擬世界割裂地看待。從人的方面來看它們依然是統一的，是人的不同需求的不同滿足方式。

隨着物質財富的增多、改造物理世界技術的進步，人們在物理世界中工作的時間越來越少，而沉浸在虛擬世界的時間越來越多。人們不可逆轉地向虛擬世界遷移。有統計數據顯示，人們在物理世界的工作時間，全天在 4 小時左右。未來人們的思考和決

策都是在虛擬世界中完成的，而執行是在物理世界中完成的。就像人們的思考依賴大腦，執行依賴四肢一樣。

基於此，我們現在研究元宇宙就有了現實的意義。我們不是在空談一個類似烏托邦的概念，而是通過對元宇宙的探討，加速改變整個世界，建立起日益豐富的數字世界，改造出更加美好的物理世界。

全書從六個方面來研究元宇宙，共分為七章。

第一章概述元宇宙種種特性、技術基礎。部分讀者從第一章中就可以獲得全書的觀點概要。

第二章分析元宇宙的居民，並給他們取了一個名字 —— M 世代。M 即「Metaverse」的首字母。以「95 後」「00 後」為主體的 M 世代。他們的喜怒哀樂，決定了元宇宙的種種特性。他們才是元宇宙的原住民。

第三章重點講遊戲。遊戲是元宇宙的第一個雛形，其能夠以可視化的形式體現元宇宙的特徵，遊戲對於畫面清晰度、流暢度、真實度方面的不斷的追求，一直是通信、3D 技術、算力發展的原動力。更重要的是，通過借鑒遊戲的發展，其他各行各業都可以找到通往元宇宙之路。當然不同的行業難易程度不同，進階必有先後，但是思維卻須同步。

第四章探討元宇宙經濟學。本章指出元宇宙經濟學是數字經濟中最活躍、最具前瞻性的有機組成部分；提出了元宇宙經濟不同於傳統經濟的一些顯著特徵，同時向傳統經濟學奉為金科玉律的觀點提出了挑戰。

第五章討論元宇宙治理問題。我們很難在元宇宙中建立類似「政府」的機構。自治似乎是唯一的解決方案。面臨「邪惡共識」的

情況、面臨大面積發生的「災難」事件，目前似乎並無統一解決的良策。治理之路仍然在探索之中。技術進步很快，治理模式則在物理世界的摩擦中艱難前行。

第六章以「超大陸」之名，探討元宇宙的基礎設施。本章從物理層、軟件層、數據層、規則層、應用層展開論述，並且提出了產業「超大陸」的領先實踐──EOP（生態運營平台）的概念。

第七章討論技術對產業和社會的影響。數字技術正在系統性地和人類大腦、軀幹更緊密地融合。後人類社會和硅基生命在數字技術浪潮中，正一步一步變成現實。人類則藉助 VR/AR 等終端設備，在不同的元宇宙之間自由穿越。

本書成書只有短短一個多月的時間，倉促之中，錯漏實多，還望各位讀者不吝指正。元宇宙講究的是「進化」。本書作為與元宇宙的第一次「遇見」，希望在進化過程中逐步完善。

趙國棟

2021 年 7 月 20 日

元宇宙即將來

宙將來 01

大家來到「綠洲」是因為可以做各種事，但是他們沉淪於此是為了不一樣的人生。——電影《頭號玩家》

元宇宙是人們娛樂、生活乃至工作的虛擬時空。Roblox 這款遊戲，展示了元宇宙的諸多特徵。核心是數字創造、數字資產、數字交易、數字貨幣和數字消費，尤其是在用戶體驗方面，達到了真假難辨、虛實混同的境界。

元宇宙具備從虛擬物品生產到消費的宏觀產業鏈條的閉環，從而形成以虛擬商品為主要交易對象的獨立經濟體系。元宇宙經濟學呼之欲出，成為數字經濟中最活躍、最具革命性的部分。

共創、共享、共治是元宇宙的基本價值觀。在元宇宙中生活、工作正在成為 M 世代亞文化中的一部分，進而形成社會思潮，從而重塑元宇宙社會，並影響現實社會。在傳統文化和元宇宙文化相互滲透融合中，人類文明或將被重新塑造。

大約再過 15 年，互聯網就可能會發生一次重大的變革。正如從 PC 為主要上網終端過渡到手機，現在也將由手機過渡到 VR/AR 設備，開始互聯網下一個 15 年的演變週期，人類將迎來互聯網大變局的前夜。

「末影龍」「苦力怕」這些稀奇古怪的名字是甚麼？如果你不知道，虛心地向小孩子們請教，他們會興高采烈地告訴你。我就是在吃早飯的時候，問剛剛上小學一年級的兒子：甚麼是「苦力怕」？他回答我說：「那是一種怪物，靠近你就會爆炸！」還邊說邊比劃。

　　「末影龍」「苦力怕」都是遊戲《Minecraft》[①]中的角色。它們在其中生存，在你不小心的時候，忽然發起攻擊。這款遊戲中，所有的物體、生物都是由一個個小方塊構成的，甚至連太陽都是方形的。比起畫面精良的大作，這裏面的每個物體都顯得很粗糙。但是玩家沉溺其中樂此不疲，他們可以用這些小方塊「創造」出各種各樣的東西。有人在《Minecraft》中建造了城市，有人甚至根據電路知識，從搭建與非門開始，製造出完整的計算機。更重要的是，玩家們可以被組織起來開展活動，譬如召開畢業典禮。

　　2020 年 6 月 16 日，中國傳媒大學動畫與數字藝術學院的畢業生們在《Minecraft》這個遊戲中根據校園風景的實拍搭建了建築，還原了校園內外的場景，上演了一出別開生面的「雲畢業」（見圖 1-1）。除了還原了校園的基本風貌，花草樹木和校貓也亮相其中。在「典禮」的進行過程中，校長還提醒同學們「不要在紅毯飛來飛去」。這場「畢業典禮」在嗶哩嗶哩

---

① 　《Minecraft》是一款 3D 第一人稱沙盒遊戲，玩家可以在三維空間中自由地創造和破壞不同種類的方塊，用想像力建立並探索一個專屬於玩家的世界。

直播的時候，還有網友感慨地說像「霍格沃茲的畢業典禮」。

中國傳媒大學的「雲畢業典禮」其實並非首例，美國加州大學伯克利分校的 100 多名在校生和校友也在遊戲《Minecraft》裏複製了整個校園，在六周內再現了 100 多棟校園建築物，包括大家熟悉的小商店，甚至一些條幅（見圖 1-2）。

《堡壘之夜》（Fortnite）與美國饒舌歌手 Travis Scott 展開跨界合作，在遊戲中舉辦「ASTRONOMICAL」虛擬演唱會，場次橫跨美國和歐洲、亞洲、大洋洲等服務器。根據 Epic Games 的官方統計，目前已表演的場次吸引了超過 1200 萬名玩家同時在線參與，創下驚人的紀錄。圖 1-3 所示的動漫人物就是 Travis Scott 在《堡壘之夜》中的形象。

達美樂比薩，算是在虛擬世界中最知名的比薩了。因為它開發了一款應用，在應用中，人們可以戴上 AR 眼鏡，在虛擬現實中買比薩。

史蒂文·斯皮爾伯格執導的電影《頭號玩家》，把故事的背景設定在了 2045 年，世界處於混亂和崩潰邊緣，令人失望。人們將救贖的希望寄託於「綠洲」，一個由鬼才詹姆斯·哈利迪一手打造的虛擬遊戲世界。人們只要戴上 VR 設備，就可以進入這個與現實形成強烈反差的虛擬世界（見圖 1-4）。在這個世界中，有繁華的都市，有形象各異、光彩照人的玩家，而不同次元的影視遊戲中的經典角色也可以在這裏齊聚。就算你在現實中是一個掙扎在社會邊緣的失敗者，在「綠洲」裏依然可以成為超級英雄，再遙遠的夢想都變得觸手可及。哈利迪彌留之際，宣佈將巨額財產和「綠洲」的所有權留給第一個闖過三道謎題、找出他在遊戲中隱藏彩蛋的人，自此引發了一場全世界範圍內的競爭。

現實生活中無所寄託、沉迷遊戲的少年韋德・沃茲，只是一個生活在貧民區的普通人 —— 害羞、不合羣、毫無存在感。但是在「綠洲」中，他化身帕西法爾，自信、勇敢、機智，成為人們心目中的超級英雄。憑着對虛擬遊戲的深入剖析，他歷經磨難，找到隱藏在關卡裏的三把鑰匙，完美通關，擁有了「綠洲」的所有權。

電影中展現的「綠洲」，已經被《Minecraft》這一類型的遊戲率先實現了，儘管畫面像素感很強，儘管人們的虛擬形象很「方」，但是已經切切實實地展示了一個虛擬的世界。大家來到「綠洲」是因為可以做各種事情，他們沉浸於此，是為了體驗不一樣的人生。

著名的美國科幻小說家尼爾・斯蒂芬森（Neal Stephenson）在1992 年撰寫的《雪崩》（Snow Crash）一書中描述了一個平行於現實世界的網絡世界 —— 元宇宙（Metaverse）（見圖 1-5）。所有現實世界中的人在元宇宙中都有一個網絡分身（Avatar）。斯蒂芬森筆下的元宇宙是實現虛擬現實後下一個階段的互聯網的新形態。

Roblox 創世紀

故事要從 1989 年的一個小磚塊開始講起。當時 David Baszucki 和 Erik Cassel 編寫了一個叫作「交互式物理學」的 2D 模式物理實驗室，為之後他們二人創建 Roblox 打下了深厚的基礎。通過「交互式物理學」，來自全球各地的學生可以觀察到兩輛車是如何相撞的，也可以學習到如何搭建房屋。這些孩子的設計令人驚歎，激發了二人的雄心，如何讓青少年的創造能力發揮更大的

作用呢？於是，他們開始構建作為想像力平台的基礎核心組件，於 2004 年正式成立了 Roblox，致力於打造一個新一代的平台，為人們提供一個更加人性化、讓大家可以自由表達的平台，突破想像的極限，盡情地抒發個性，通過遊戲創作，分享人生體驗。

Roblox 簡要介紹

Roblox 成立 17 年後，於 2021 年 3 月 10 日在紐交所上市（見圖 1-6）。Roblox 既提供遊戲，又提供創作遊戲的工具（創造者開發工具 Roblox Studio），同時它有很強的社交屬性，玩家可以自行輸出內容、實時參與，並且還有獨立閉環的經濟系統。作為一個兼具遊戲、開發、教育屬性的在線遊戲創建者系統，Roblox 中大部分內容是由業餘遊戲創建者創建的。如果我們有甚麼有意思的遊戲構思，但無法獲得商業資助，就可以通過 Roblox Studio，自主創作遊戲，然後邀請其他玩家來參與。隨着其他人的參與，遊戲規則在玩的過程中逐漸形成與完善，也會隨着小組成員約定的玩法而慢慢改變。

為滿足遊戲社區玩家的整體需求，Roblox 的創建者也會對遊戲進行快速的更新和調整。正是由於遊戲庫能不斷搭建、變化和擴展，*Roblox* 才如此受歡迎。用 Roblox 的官方表述來說，遊戲不能被稱作遊戲，而叫作 Experience（體驗）。截至 2020 年年底，Roblox 用戶已經創造了超過 2000 萬種體驗，其中 1300 種體驗已經被更廣泛的社區造訪探索。這些體驗都由用戶而非公司創造。

圖 1-6　Roblox 的發展歷程（圖片來源：Roblox 招股書，天風證券研究所《Roblox 深度報告：Metaverse 第一股，元宇宙引領者》）

用戶每天使用 *Roblox* 的時間為 2.6 小時，每個月約探索 20 種體驗。2020 年第四季度，*Roblox* 的平均日活用戶達到 3710 萬。其中超過一半的用戶年齡在 12 歲以下。9 歲至 12 歲的小朋友佔比最大，達 29%。而 25 歲以上的青年人僅佔 15%。

用戶可以在手機、台式機、遊戲主機和 VR 頭盔上運行 *Roblox*。先註冊創建一個免費的虛擬形象，然後就可以訪問絕大多數的虛擬世界。用戶可以通過遊戲中的貨幣（Robux）來獲取某一特定世界的最佳體驗，或者買一些首飾和服裝這類通用道具來凸顯個性。2020 年，*Roblox* 的付費用戶為 49 萬。

Roblox 的經濟系統是這樣運行的：玩家購買 Robux，然後消費 Robux，開發者和創造者通過搭建遊戲來獲得 Robux，Robux 可以重新投入遊戲中，也可以進行再投資，或者兌換現實世界的貨幣。在用戶購買道具或者服裝時，其支付的 Robux 是給該道具的開發者的，*Roblox* 在其中收取一小部分佣金。2020 年，超過 120 萬名開發者賺到了 Robux，其中超過 1250 名開發者收入高達 1 萬美元，超過 300 名開發者收入高達 10 萬美元。不過開發者每年至

少賺取 10 Robux 才有資格加入把 Robux 轉換成美元的「開發者兌換」計劃。

公司把購買 Robux 的行為稱為「booking」，用 Robux 購買道具、服飾、裝備或遊戲體驗後才能確認收入。2020 年 1—9 月用戶累計充值 12 億美元，其中消費 5.9 億美元。公司預計 2021 年全年充值金額為 20—21 億美元，消費 15 億美元。2020 年，Roblox 營收 9.24 億美元，同比增長 80.39%。

Roblox 公司增長很迅速，但未實現盈利。2020 年 Roblox 公司虧損 2.6 億美元。虧損是 Roblox 公司對於平台、社區的維護所致，即給予創造者和開發者的分成獎勵。這一部分的支出已經超過基礎設施和安全成本，在總成本中佔比最高。

成本結構也反映 Roblox 已經形成了飛輪效應。隨着更多開發者創造出更好的內容，平台就會吸引來更多的用戶。反過來，平台聚集的用戶越多，就會鼓勵越多的開發者通過 *Roblox* 接觸其不斷增長的用戶羣。

目前 *Roblox* 已經遍布 180 個國家，公司希望通過投資翻譯輔助技術的方式滲透其他市場。此外，公司還正在通過與遊戲和科技巨頭騰訊成立合資公司，來探索中國市場的巨大潛力。①

---

① 本書中 Roblox 的簡介參考了 VI 研究院的視頻，特此感謝。

Roblox 在資本市場的表現

2021 年 3 月 10 日，Roblox 通過 DPO 的方式在紐交所上市。上市前紐交所的參考價為每股 45 美元，對應市值為 295 億美元。2021 年 3 月 11 日收盤，Roblox 市值上漲至 400 億美元。上市股價一飛衝天，峰值達到每股 103 美元，相較上市前的估值，漲幅接近 10 倍，成為美國資本市場炙手可熱的明星股。

2021 年 2 月，因重倉特斯拉而實現驚人業績的投資公司 ARK Investment Management（以下簡稱 ARK）在 2021 年度投資報告中提出了 15 個宏大而前景廣闊的投資主題。其中之一，便是由虛擬世界聯結而成的元宇宙。「牛市女皇」Cathie Wood（ARK CEO）約 52 萬股的加倉拉動了 Roblox 的強勁表現。美國資產管理公司產品經理稱，Roblox 上市首日的火爆，反映了過去 6 個月來其他遊戲公司和更廣泛科技公司上市的情況，也說明二級市場的需求量很大。

Roblox 的市值還一度超過老牌遊戲公司電子藝界 Electronic Arts（EA），且一直高於 Take-Two。上述兩家公司營收明顯更高，且持續盈利。而 Roblox 已連續虧損多年，並且虧損幅度還在不斷擴大。

資本市場表現完美的背後是引以為傲的經營數據。過去這兩年，*Roblox* 風靡北美，2020 年 *Roblox* 在雙平台的下載量達到 1.6 億次，移動平台收入超過了 11 億美元，並且成為 2020 年北美聖誕節期間收入最高的手遊。

Roblox 首提元宇宙

　　科幻小說《雪崩》中描繪了一個被稱為「元宇宙」的多人在線虛擬世界，用戶以自定義的「化身」在其中進行活動。主角通過目鏡設備看到元宇宙的景象，身處於電腦繪製的虛擬世界，其中燈火輝煌，數百萬人在中央大街上穿行。元宇宙的主幹道與世界規則由「計算機協會全球多媒體協議組織」制定，開發者需要購買土地的開發許可證，之後便可以在自己的街區佈局大街小巷，建造樓宇、公園及各種有悖現實物理法則的東西。主角的冒險故事便在這基於信息技術的虛擬世界中展開。

　　元宇宙是指人們生活和工作的虛擬時空。Roblox 是首個將「元宇宙」寫進招股說明書的公司。Roblox 提到，有些人把我們的範疇稱為「元宇宙」，這個術語通常用來描述虛擬宇宙中持久的、共享的三維虛擬空間。隨着越來越強大的計算設備、雲計算和高帶寬互聯網鏈接的出現，「元宇宙」將逐步變為現實。Roblox 已經構建出了元宇宙的雛形，其被稱為「元宇宙」概念股。

　　Roblox 還提出了通向「元宇宙」的八個關鍵特徵，即 Identity（身份）、Friends（朋友）、Immersive（沉浸感）、Low Friction（低延遲）、Variety（多樣性）、Anywhere（隨地）、Economy（經濟）、Civility（文明）。這也是第一家嘗試概括描述「元宇宙」特徵的商業公司。

　　Identity（身份）：每個人登錄這個遊戲之後，都會獲得一個身份。我們在真實世界有一個身份，同時在虛擬世界也需要一個虛擬身份，虛擬世界的身份跟我們是一一對應的。每個人都可以在元宇宙中有一個「化身」，在《雪崩》中，這個化身被稱為 Avatar（阿

凡達），本書借用「阿凡達」指稱每個人的虛擬身份。身份是構建起完整生態的第一步。

Friends（朋友）：元宇宙內置了社交網絡，每個阿凡達的活動、交流都在元宇宙中進行。

Immersive（沉浸感）：沉浸感迄今為止是人機交互中被人忽視的一部分，雖然它經常在遊戲環境中被提及，但是當你閱讀一本特別引人入勝的書的時候，或是觀看電影、電視節目的時候也可以有這樣的體驗。然而，沉浸於書中或者電影中的感受和沉迷於遊戲中的感受是非常不同的。在大多數的媒體中，玩家會隨着劇情的發展而非外界影響感知角色，因為這個角色的個性已經被作者或者是導演所決定。相反，在遊戲中，玩家對遊戲角色的控制及這種代入感成為影響遊戲環境的重要因素。

Low Friction（低延遲）：遊戲延遲就是數據從遊戲客戶端到服務器再返回的速度。網絡狀態越好，服務器響應越快；使用人數越少，延遲就會越低。在一些需要快速反應的遊戲中，比如競技類和 RPG 類對戰，延遲對於遊戲的影響很大。*Roblox* 裏的延遲就很低，因為都是較低像素級別，顆粒度很粗，這時候的計算量也就小一點，普通的電腦也能夠承受，如果畫面很精細，許多電腦的運轉速度根本無法達到要求。

Variety（多樣性）：虛擬世界有超越現實的自由和多元性。

Anywhere（隨地）：不受地點的限制，可以利用終端隨時隨地出入遊戲。

Economy（經濟）：*Roblox* 有自己的經濟系統。當平台上有了足夠的玩家與遊戲開發者，在 2008 年，公司停止了自身的遊戲開發，在平台上線了虛擬貨幣 Robux，2013 年 *Roblox* 又為開發者

提供了虛擬商品。之後，*Roblox* 不斷優化這套類似現實世界的貨幣交易系統。對開發者來說，可以通過四種方式掙得 Robux，即自己開發的付費遊戲銷售、在自己開發的免費遊戲上獲得玩家的時長分成、開發者間的內容和工具付費交易、平台上銷售虛擬商品。如 21 歲的 Alex，從 9 歲開始在 *Roblox* 上創作遊戲，17 歲時，他製作的一款遊戲《越獄》爆火，總計被玩過 40 億次，靠着這款遊戲裏的皮膚、道具等售賣，Alex 每年能賺取上百萬美元。

Civility（文明）：*Roblox* 裏面也有自己的文明體系。我們在裏面可以有生活，幾個人可能組成社區，社區就組成了大的城市，認識鄉村、城市，甚至各種規則 —— 大家做出共同的規則，然後在裏邊共同生活下去，演化成一個文明社會，所以它是一個不斷演化的過程。

元宇宙中逍遙遊

元宇宙是人們生活、工作的沉浸式虛擬時空。在元宇宙中，需要重新思考存在和虛無、肉體和精神、性善和性惡、自我和宇宙的哲學命題，需要不斷探索有限和無限、秩序與自由、自治與法治、經濟與治理、倫理和文明的邊界，需要全面融合區塊鏈、AR、5G、大數據、人工智能、3D 引擎等新技術，形成數字創造、數字資產、數字市場、數字貨幣、數字消費的新模式。元宇宙是「心」的綻放，是「夢」的具象，是「我思故我在」的全息展現。內求於心，外形於物，物物相生，元宇宙成矣。

在認知層，元宇宙突破了想像的極限，創造自由自在的世界（見表1-1）。元宇宙的世界都是由人們所思所想直接幻化而成的，是人類精神的外在表現，是「我心即宇宙，宇宙即我心」的三維呈現。元宇宙秉持共創、共享、共治的價值觀，在生產力、生產關係、上層建築領域具有了共產主義色彩。元宇宙經濟則由數字身份、數字資產、數字市場、數字貨幣、數字消費等關鍵要素形成的完整經濟體系。基本特徵體現為沉浸式體驗、自由創造、社交網絡、經濟系統和文明形態。元宇宙綜合了人類在各個領域的尖端技術，包括區塊鏈、5G、人工智能、3D引擎、VR/AR/XR、腦機接口。這些基礎構成了元宇宙的基礎設施。

表 1-1　元宇宙的基礎設施

梯次產業變革	遊戲　展覽　教育　旅遊　設計規劃 醫療　工業製造　政府公共服務
認知	我心即宇宙　宇宙即我心
基本價值觀	共創　共享　共治
經濟要素	數字身份　數字資產　數字市場　數字貨幣　數字消費
基本特徵	沉浸式體驗　自由創造　社交網絡　經濟系統　文明形態
技術基礎	區塊鏈　交互技術　遊戲　人工智能　網絡　物聯網

文學藝術中的「元宇宙」

劉慈欣在一部科幻小說中，描寫了先進的外星文明對地球的監視。從地球上的生物第一次凝望太空的時候，外星人就把地球列為技術可能爆炸式發展的危險之地，開始對人類展開技術封鎖。生物探尋宇宙的歷史，甚至超過了人類的歷史。

以「心」為原點，向外探尋物理世界、浩瀚的星空；向內建立豐富的精神世界。向外的思維高峰，無疑是《三體》的《地球往事》《黑暗森林》《死亡永生》三部曲，展現了宏闊的時空，尋找宇宙的邊界，一不小心就和心愛的人錯過了幾十萬年。向內求的高峰，首推《逍遙遊》，無所持而遊無窮，扶搖直上者九萬里。擺脫所有世俗之物，超越時空的絕對精神自由。

「心」外的無盡探求，已經到達了歷史的巔峰。芥子須彌，人類在納米級別蝕刻，極盡精微之事。巡天萬里，從太空數度往返，開啟宏闊旅程。「心」內的精神世界，更多是宗教、文學、藝術領域的創造。偉大的藝術作品往往包括完整宇宙觀的構建。中國作品如《紅樓夢》《西遊記》等，西方作品如《荷馬史詩》《哈利・波特》等。

《西遊記》中對於「心」的描寫，最為直觀、典型。吳承恩處處留下暗示：孫悟空就是唐僧的「心」幻化而成的形象。孫悟空拜師學藝的地方，掛着一副對聯：「靈台方寸山，斜月三星洞。」靈台和方寸在道教中都是指「心」，斜月三星更是一個「心」字。可以說《西遊記》記錄了唐僧取經的歷程，是以唐僧的心為原點，構建了「元宇宙」。

電影藝術中，最能給人帶來直接觀感和深刻啟迪的，莫過於

《黑客帝國》和《頭號玩家》。這兩部電影都在試圖回答一個問題：何為真實？我們大腦感受的世界，是不是就是虛幻的世界？

心外到極致廣大，心內到極盡精微，反而可能就是一體。我心即宇宙，宇宙即我心。

何為真實？

2018 年 12 月，趙國棟去中國商用飛機有限責任公司（以下簡稱中國商飛）參觀，在 ARJ21 飛機的模擬艙中體驗飛機駕駛的樂趣（見圖 1-7）。教練員觀察了一下他的體格，只是啟動了初級模擬程序，也就是巡航階段的操控。

飛行員都是在模擬艙中訓練，甚至有了實際的飛行里程後，還需要定期到模擬艙復訓。因為在模擬艙中可以模擬飛行員平時在飛行過程中很難經歷的場景。譬如飛鳥撞擊發動機，導致一側發動機失火，從而失去動力，該如何處理？

很多人都看過電影《中國機長》，劉長健機長駕駛四川航空 3U8633 航班執行航班任務時，在萬米高空突遇駕駛艙風擋玻璃爆裂脫落、座艙釋壓的極端罕見險情。像這樣的險情，極少發生。但是在模擬艙中，可以真實再現這種極端情況，從而考查飛行員的應急能力和駕駛水平。

圖 1-7　作者趙國棟在 ARJ21 飛機的模擬機艙中

模擬艙和真實的 ARJ21 飛機一模一樣,只是把機身、機翼換成了幾個液壓桿,模擬各種飛行姿態。一架模擬艙的造價並不便宜。中國商飛也只有兩架模擬艙。對飛行員而言,執行飛行任務無疑是真實的。但在模擬艙中能體驗真實飛行過程中幾乎不會遇到的場景。虛擬世界中飛行的場景則更豐富。飛行員的學習和培訓都是在模擬艙中完成的。

何為真實?「真實」這個詞有語言的模糊性。無論是模擬艙還是飛機,給人的駕駛體驗都是一樣的。但是模擬艙可以給飛行員極端情況下的體驗,當然,我們祈禱飛機永遠不要給駕駛員極端的駕駛體驗。

就體驗的豐富性來講,虛擬世界是遠遠超越物理世界的。對個人而言,無論是虛擬世界還是物理世界,體驗都是真實的。

體驗真實,感受真實,超越了物理世界,物理世界和虛擬世界的界限將不再清晰。

再看《黑客帝國》中的場景,都是電腦程序刺激大腦獲得的信號。大腦的體驗是真實的,所以尼奧無從分辨虛幻的世界,直到吃下墨菲斯手中的藍色藥丸(藍色藥丸代表物理世界,紅色藥丸代表虛擬世界,見圖 1-8)。

元宇宙中一個重要特性就是體驗真實,超越物理世界。

元宇宙是精神世界的逍遙與物理世界的星空璀璨的奇妙融合。5G、3D、VR 等技術發展,把心即宇宙的心學認知,變成了超現實的虛幻存在。

如果把元宇宙定義為工作和生活的虛擬時空,其實還有很多符合這個定義的系統,不只是遊戲和電影。只是電影帶來的視覺衝擊力和遊戲帶來的沉浸感,讓我們更容易體驗到自由自在的創

造，釋放無拘無束的天性，去感受那些在真實世界永遠不可能發生的事情。

共創、共享、共治的價值觀

在元宇宙中許多產品是「阿凡達」創造的，當然也存在一些阿凡達組成團隊，推出一些製作精良的產品的情況。元宇宙中 UGC（用戶創造內容）是主流的方向，很難像管理員工一樣管理阿凡達，因為難以制定時間明確的任務、確立考核指標。

但是成熟的遊戲中，大都建立了「任務」機制，大家在遊戲中完成任務，獲得激勵。激勵可能是積分、遊戲幣，也可能是某些稀有的裝備。換句話說，激勵阿凡達創造，是不得不考慮的事情。因為這是元宇宙中「生產」的前提，同時也是滿足玩家自我實現的精神需要。有了創造，才有可能形成產品。有了產品，就需要交換的場所。因此也就發展起數字市場。

共創是一起做蛋糕，共享是一起分蛋糕，共治是一起制定做大蛋糕、分好蛋糕的遊戲規則。「共創」「共享」「共治」分別關乎生產力（共創）、生產關係（共享）、上層建築（共治）三個元宇宙社會結構的根本方面。共榮則是從元宇宙整體來講，達到的最終目標 —— 元宇宙的繁榮。

共創和共享方面，一些企業都做得不錯。譬如蘋果給開發者分成；微軟公司新推出的 Windows 11，號稱開發者在其系統上創造的所有應用都免費，微軟不會收取任何費用；抖音、嗶哩嗶哩等平台上，創作者也可以獲得可觀的報酬。

但是在共治方面，這些中心化的公司體制，幾乎沒有給共治留下制度空間。許許多多以區塊鏈為底層技術支撐的去中心化應用，走在了前面。

用這三個價值觀考察元宇宙第一股——Roblox，發現其「共治」價值觀也沒有得到很好的體現。共治，恰恰是區別新經濟與舊經濟、新理念與舊理念、新模式與舊模式的關鍵點。

關於元宇宙治理的問題，我們在第五章詳細討論。

元宇宙的經濟體系

數字經濟是以數據為主要生產要素的經濟活動，既包含物質產品生產、流通、消費的內容，也包括數字產品的創造、交換、消費的內容。換句話說，無論是物質產品還是非物質產品，只要在生產、流通、消費的任何一個環節，利用數字技術或者數據，都是數字經濟的範疇。而元宇宙經濟嚴格限定數字產品的創造、交換、消費的所有環節，都必須在數字世界中完成。

元宇宙經濟是數字經濟的特殊形式，體現出元宇宙經濟的特殊性。元宇宙經濟同時是數字經濟的組成部分，必然體現出數字經濟的一般性特徵。特殊性主要體現為「經濟人」假設崩潰、認同決定價值而非勞動決定價值、邊際成本降低、邊際效益提高、交易費用趨近於零等特性。一般性體現為符合經濟的基本原理，市場規模越大，經濟就會越繁榮。

元宇宙經濟要素包括數字創造、數字資產、數字市場、數字貨幣、數字消費。其特徵明顯區別於傳統經濟，表現為計劃和市

場的統一、生產和消費的統一、監管和自由的統一、行為和信用的統一。

　　元宇宙經濟的特徵決定了它是深入研究數字經濟的絕佳樣本。我們在元宇宙經濟中得到的一些結論，放在數字經濟體系中詳加考查的話，結論未必和元宇宙經濟完全相同，但對於建立中國的數字經濟體系有深刻的啟示意義。

　　元宇宙經濟是很多平台型公司的必然選擇。所有平台型公司或多或少都具備融入元宇宙經濟的部分特徵，儘管其表現形式略有差異。表 1-2 給出了不同類型元宇宙經濟體系的對比。

表 1-2　不同類型元宇宙經濟體系的對比

名稱	身份	設備	創造工具	創作類型	內容形式	數字市場	數字貨幣
iPod	Apple ID	—	LogicPro	PGC	音樂	iTunes	無
iPhone	Apple ID	—	Xtools	PGC	App	App Store	無
微信	微信號	智能手機	圖文編輯	UGC	圖文	分散市場	微信餘額
抖音	抖音號	智能手機	視頻編輯	UGC	視頻	抖音	抖幣
以太坊	提供身份標準	—	多種軟件包	UGC/PGC	App	開放	ETH
鴻蒙	華為 ID	—	DevEco Studio	PGC	App	應用商店	無
我的世界	社交網絡 ID	智能手機	遊戲內置	UGC	3D	遊戲大廳	金幣
Roblox	Roblox ID	智能手機 /VR	Roblox Studio	UGC/PGC	3D	交易市場	Robux

關於元宇宙經濟，將在第四章中詳加討論。

元宇宙的基本特徵

關於元宇宙的特徵，眾說紛紜。Roblox 總結了八方面，去蕪存菁，我認為有五方面可以囊括元宇宙的基礎特徵。

第一，沉浸式的體驗。

抖音、微信、騰訊的遊戲帝國也都是元宇宙。如果我們認為元宇宙是人們生活和工作的虛擬時空的話，為甚麼在微信、抖音如日中天的時候，我們沒有提出元宇宙的概念，只是用「產業生態」這個詞來形容微信、抖音構築的商業帝國呢？

當然，我們也有沉迷於刷抖音的時候，甚至一刷就是一兩個小時。但是沒有人覺得自己是在另外一個「時空」。雖然我們的眼睛緊盯着幾寸大小的屏幕，但是依然可以感受到屏幕以外發生的事情。在手機屏幕的方寸之間，並沒有身臨其境的感覺。

但是 VR 不同，當你戴上頭盔的瞬間，就好像經過時空隧道穿越到另外一個時空，就像《頭號玩家》裏面的場景一樣。

沉浸式的體驗，給我們帶來超越現實的震撼，從此與物理世界「陰陽兩隔」。就像兩個平行的宇宙，需要藉助「蟲洞」連接。穿越蟲洞，就是另外一個宇宙。

記得電影《阿凡達》中，有一幕經典的畫面。男主人公傑克雙腿癱瘓，行動受限，但是他的化身阿凡達身體強健。當傑克第一次感受到阿凡達身體的時候，既驚詫又興奮，動動腳趾，簡直不敢相信這是自己的雙腳。試着走幾步，感受到真身萎縮雙腿從未有

過的體驗。這種體驗叫自由。於是他不顧勸阻，從醫療室跑到野外，忘情地奔跑，讓風吹過面頰。他就像一個新生的幼兒，貪婪地感受着世界。

當我們看到飛鳥，無不羨慕它的一雙翅膀，恨不得自己也有一雙翅膀，隨花飛到天盡頭。相信觀眾看到阿凡達駕馭斑溪獸（潘多拉星球上的兇猛大鳥）自在飛翔的時候，會心生感歎，這才是人生，自由的人生（見圖 1-9）。

這種體驗，非元宇宙而不可得。

第二，創造。

創造，本質上是精神生活。「兩句三年得，一吟雙淚流。」這是賈島苦苦索句之後的內心獨白。「滿紙荒唐言，一把辛酸淚，都云作者痴，誰解其中味。」這是曹雪芹批閱十載、增刪五次之後的感慨。

創造是快樂的，但是再細緻入微的描寫，也難以窮盡真實的景物。繪畫、雕塑、建築都是藝術，藝術之美，非言語可以盡述。

在元宇宙中，簡單易用的創造工具，給了人們無盡的創造能力。創造只取決於人們的想像力。尤其是在元宇宙中，那種創世的感覺。

創造也是元宇宙經濟的基礎。沒有創造，就沒有資產；沒有資產，則沒有交易；沒有交易，也就沒有所謂的經濟系統。

第三，社交網絡。

「嚶其鳴矣，求其友聲。」小鳥都知道找朋友，何況人呢？孤獨、不被理解是人們面臨的最大的精神危機。古往今來，人類最悲涼的情緒，莫過於此。岳飛說：「欲將心事付瑤琴，知音少，弦斷有誰聽？」賈島的「兩句三年得，一吟雙淚流」還有後兩句：「知

音如不賞，歸臥故山秋。」尋求同好，知音共鳴，這是人類的基因決定的。

社交網絡是元宇宙的標配。中國以微信、國外以 Facebook 為代表的社交網絡已經趨於成熟。抖音中內置了社交網絡的功能。遊戲中也同樣如此。

第四，經濟系統。

經濟活動，是社會的基礎。元宇宙作為虛擬的社會，同樣離不開「虛擬」的經濟。經濟系統非常重要，重要到有單獨的一章來討論，這裏不再贅述。

第五，文明形態。

所謂文明，是人類社會行為和自然行為的總和。每個人都是「多面」的，孩子在父母面前的行為，與他和朋友在一起的行為是有很大的區別的。在元宇宙中，人們以阿凡達化身的面貌出現在朋友面前，很可能也代表了我們內心深處一些不一樣的渴望。因此，元宇宙中形成的文明形態，既和物理世界文明形態有相似之處，也有許多不同。

因此，不同的元宇宙，很可能形成物理世界文明形態的不同投射。遊戲《第二人生》和《堡壘之夜》的文明形態顯然不同。

也正是這些不同的文明形態，反映了物理世界中文明的複雜性、多樣性。正因如此，我們才能體驗到不同的人生。

元宇宙的技術基礎

元宇宙技術基礎，可以用 BIGANT（大螞蟻）來概括（見圖

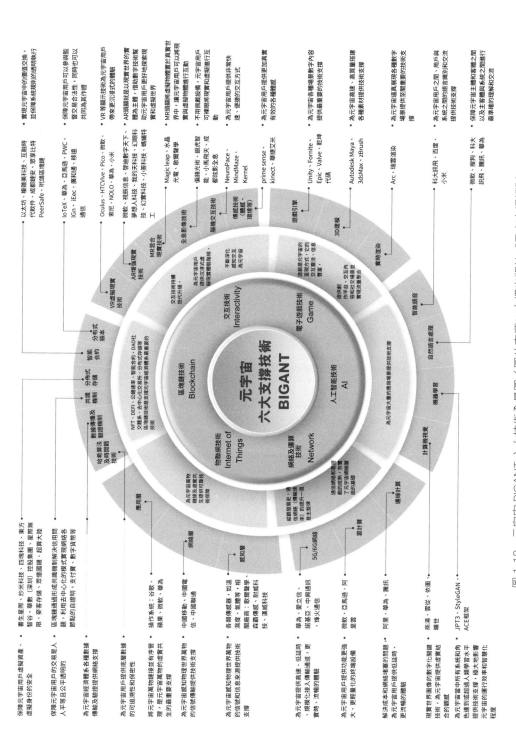

圖 1-10 元宇宙 BIGANT 六大技術全景圖（圖片來源：中譯出版社《元宇宙通證》）

1-10）。B 指區塊鏈技術（Blockchain），I 指交互技術（Interactivity），G 指電子遊戲技術（Game），A 指人工智能技術（AI），N 指網絡及運算技術（Network），T 指物聯網技術（Internet of Things）。「大螞蟻」可以說集數字技術之大成。從圖中可以看到元宇宙對於數字技術的拉動作用。

通過 AR、VR 等交互技術提升遊戲的沉浸感

回顧遊戲的發展歷程，沉浸感的提升一直是其技術突破的主要方向。從《憤怒的小鳥》到 *CSGO*，遊戲建模方式從 2D 到 3D 的提升使遊戲中的物體呈現立體感。玩家在遊戲中可以自由切換視角，進而提升沉浸感。然而，3D 遊戲仍然只能通過垂直屏幕展示遊戲畫面，玩家的交互操作也受制於鍵盤、鼠標、手柄等硬件工具，與元宇宙「同步與擬真」的要求相去甚遠。未來，隨着以 VR、AR 為代表的人機交互技術的發展，由更加擬真、高頻的人機交互方式承載的虛擬開放世界遊戲，其沉浸感也有望得到大幅提升，從而縮小與元宇宙成熟形態之間的差距。

通過 5G、雲計算技術支撐大規模用戶同時在線，提升遊戲的可進入性

元宇宙是大規模的參與式媒介，交互用戶數量將達到億級。目前大型在線遊戲均使用客戶端軟件，以遊戲運營商服務器和用戶計算機為處理終端運行。該模式下，對計算機終端的性能要求形成了用戶使用門檻，進而限制了用戶觸達；同時，終端服務器承載能力有限，難以支撐大規模用戶同時在線。而 5G 和雲計算等底層技術的進步和普及，是未來突破遊戲可進入性限制的關鍵。

通過算法、算力提升驅動渲染模式升級，提升遊戲的可觸達性

目前，3D 遊戲採用傳統的終端渲染模式，受限於個人計算機圖形處理器（GPU）渲染能力，遊戲的畫面像素精細度與擬真效果仍有很大差距。為改進現有的渲染模式，提升遊戲的可觸達性，需要算法、算力的突破及半導體等基礎設施產業的持續進步。

通過區塊鏈、AI 技術降低內容創作門檻，提升遊戲的可延展性

在專業生產內容（PGC）方面，第一方遊戲內容是建立元宇宙的基礎場所，而目前 3D 遊戲在場景和人物建模上都需要耗費大量的人力、物力和時間。為實現元宇宙與現實社會高度同步，算法、算力及 AI 建模技術的進步有望提升 PGC 的生產效率。在用戶生產內容（UGC）方面，第三方自由創作的內容，以及閉環經濟體的持續激勵，是元宇宙延續並擴張的核心驅動力。目前遊戲 UGC 創作領域編程門檻過高，創作的高定製化和易得性不可兼得，同時鮮有遊戲具備閉環經濟體。因此，為達到元宇宙所需的可延展性，需要區塊鏈經濟、AI、綜合內容平台等產業的技術突破。

誰來補蒼天？

區塊鏈與元宇宙，相互依存，不可分割。區塊鏈提供了元宇宙基礎的組織模式、治理模式、經濟模式所必需的技術架構，更重要的是，區塊鏈去中心化的價值觀，與元宇宙「共創、共享、共治」的價值觀完全一致，相互成就。

在物理世界中，作為上層建築的政府，其作用無可替代。元

宇宙在某種意義上是物理世界在數字世界的投射。但是很少有人願意在元宇宙中給政府留個位置。儘管元宇宙的創世者們，並不是無政府主義者。

西方有些思想家，把政府比喻成看門人，守護着社會的秩序和規則。當然政府的作用遠不止於此。但是我們不得不考慮，元宇宙的創世居民（以 M 世代為主）有不少喜歡把反抗家長的權威作為追求自由的象徵，如何引導他們積極健康地面對生活成為一個關鍵的課題。

既然是追求無拘無束的體驗、馳騁天地的自由，為甚麼非要設計一個類似「家長」的機構呢？

但是元宇宙中，必須有規則，而且這些規則的執行，最好不必依賴某個中心化的組織。因此，區塊鏈就派上了用場。

另外，構建真正統一的元宇宙，需要「跨宇宙」機制，保證在不同的宇宙中，都能以相同的身份活動，而不是成為一個個平行宇宙的分身。我們無法用遊戲 A 的 ID 去登錄遊戲 B；遊戲 B 的裝備也無法在遊戲 A 中使用。在玩家看來，它們就是永無交集的平行宇宙。

也許有些資產，譬如「皮膚」，很可能是在不同的遊戲中使用的。這些「資產」也就可以「跨宇宙」傳播。

能提供這種跨宇宙傳遞數字資產的技術，目前只有區塊鏈可以做到。NFT 就提供了一個解決方案的模本。

元宇宙為 NFT 提供豐富的應用場景

　　NFT（Non-Fungible Tokens）的英文直譯是「非同質化代幣」。但這個翻譯本身的表達不是十分清晰。它是區塊鏈的一個條目，代表了某個獨一無二的數字資產如博物館裏的世界名畫，或者一塊土地的所有權。它是數字世界中的一種資產，獨一無二、不可複製，同時也可以進行買賣，可以用來代表現實世界中的一些商品，但它存在的方式是數字化，保存在以太坊的區塊鏈中。

　　許多人大力宣傳，NFT 是區塊鏈最重要的應用場景，是推動元宇宙發展的重要力量。的確，NFT 讓我們看到物理世界的資產與數字世界資產聯通的可能性，但是有個非常重要的問題，可能被 NFT 的擁躉們忽略 —— NFT 的內在價值，缺少足夠的共識。

　　一雙襪子拍出 15 萬美元，推特上最早的五個英文單詞拍出 250 萬美元，一幅將 5000 天每天發佈的數碼繪畫作品匯集在一起的作品拍出 6900 多萬美元，這些價格是依據甚麼制定的？

　　毫無疑問，單純從上述 NFT 的基礎物品（一雙襪子、五個英文單詞、一幅已發佈數碼作品的匯集作品）看，都不可能有這麼高的價格！

　　那麼，這些物品加上 NFT 作為加密的權益證明，就可以使其價格幾十倍、幾百倍、幾千倍地升值嗎？顯然，一雙襪子，無論使用何種權益加密技術，也難以使其價格過分上漲；推特上最早的五個英文單詞的推送人更是盡人皆知，實際上是否需要類似 NFT 的權益證明都值得懷疑；一幅將 5000 天每天發佈的數碼繪畫作品匯集在一起的新作品加上 NFT 權益證明（不代表對其歸集的 5000 幅作品都進行了權益證明保護），就使其價格大幅上漲，並不存在

合理的基礎。

對這些高價格合理的解釋只能是信仰的力量、炒作的結果。因此，有專家曾公開發文呼籲人們慎重對待 NFT。很多人急於投資 NFT，一個重要原因就是為了彰顯自己在數字世界的領先地位並搶奪 NFT 升溫後可能大幅升值的潛在收益，並會為此不遺餘力地誇大 NFT 的價值，甚至進行相互炒作以抬高 NFT 的價格，竭力讓更多的人相信並跟隨投資，存在強烈的「傳銷」特性，投資風險是非常大的。

在元宇宙中，每個數字產品，都有真實的遊戲玩家支撐。每個 NFT 可能很難代表實際的價值，卻是玩家體驗的真實記錄。從這個意義來講，元宇宙賦予 NFT 意義。

沒有 NFT，元宇宙同樣得到發展，就像現在 Roblox 做的一樣，然而元宇宙可以帶動 NFT 成長，甚至規範其交易規則，並且漸漸趨於理性。

互聯網進化的
終極形態

蒂姆・伯納斯 - 李在 1990 年發明了第一個網頁瀏覽器，自此互聯網開始蓬勃發展。蘋果 2007 年發佈第一代 iPhone 手機，互聯網進入移動互聯時代。PC 互聯網獨領風騷 17 年，移動互聯網也已歷經 14 年。上網的終端從以 PC 電腦、筆記本為主，過渡到以智能手機為主。現在即將迎來新的變革，上網終端很可能從智能手機，逐步過渡到 VR/AR 等設備。這個大週期估計也將持續 10

到 15 年。

另外一條發展脈絡就是前面提及的區塊鏈。自從 2009 年比特幣上線以來，區塊鏈技術日益得到普及。從區塊鏈衍生出來的治理模式、商業模式，疊加互聯網的發展，構成一曲恢宏的樂章。

以 VR/AR 設備、區塊鏈、遊戲疊加形成的新的互聯網形態，正呼之欲出（見圖 1-11）。繼 PC 互聯網、移動互聯網，即將過渡到元宇宙時代。

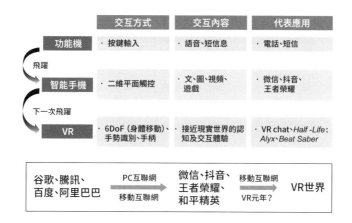

圖 1-11　硬件設備內容形式對比（圖片來源：天風證券研究所
《Roblox 深度報告：Metaverse 第一股，元宇宙引領者》）

M世代，元的居

世宇宙創世民

02

You Only Live Once（只活一次，何不隨心所欲？）

——網絡流行語

M 世代（Metaverse 世代）是指和互聯網同步成長的一代人。他們第一部手機是智能手機，第一次打開的應用是遊戲，他們是元宇宙的創世居民。他們不僅重塑着元宇宙社會，也在改變着物理社會。他們正在引領這個時代。

「創造＋分享」成為 M 世代自我實現的主要動力。在元宇宙中，創造僅受到想像力的限制，在元宇宙中生產無須擔憂資源的枯竭，需要的就是想像極限的突破，得到的將是無盡的世界。

M 世代是元宇宙經濟主要參與者、推動者。M 世代在元宇宙中的行為和物理世界中的行為並不完全相同，更多的是合作、分享，阿凡達沒有自私的基因。傳統經濟學必須重新思考「經濟人」假設。

科技繁榮、文化繁茂、城市繁華，現代文明的成果被層層打開，任由人們盡情享用。自由學習一門語言，學習一門手藝，欣賞一部電影，去遙遠的地方旅行。很多人從小就在自由探索自己的興趣，發展自己的愛好。很多人在童年就進入了不惑之年，不惑於自己喜歡甚麼，不喜歡甚麼。

　　……

　　因為你們，這世上的小說、音樂、電影所表現的青春就不再是憂傷、迷茫，而是善良、勇敢、無私、無所畏懼，是心裏有火，眼裏有光，不用活成我們想像中的樣子。

　　我們這一代人的想像力不足以想像你們的未來，如果你們依然需要我們的祝福，那麼，奔湧吧，後浪！我們在同一條奔湧的河流。

　　2020 年五四青年節之際，嗶哩嗶哩發佈了一個「獻給新一代的演講」——《後浪》。有評論說這個演講「猶如給青年們的一封信，激蕩起青春之聲」。中國的年輕人正在以前所未有的勢頭在一種更多元、更豐富、更包容的新環境中猛烈成長着。

　　每個時代有每個時代的特徵，時代的特徵就是主流人羣的特徵。他們在青春期遇到的歷史重大事件，塑造出一代人的精神，同樣這一代人也在推動着歷史的進程。

「60 後」，可能是最具西方精神的一代人，他們的青春時代，正是中國改革開放起始的年代。「70 後」，可能是最早的一代互聯網人，中國第一封電子郵件發出的時候，這代人中最大的已經 17 歲了。而到了「00 後」，他們拿起的第一部手機，一定是智能手機，功能機只存在於上一代人的記憶中。

最年輕的這一代人，代表了世界的方向。儘管他們在上一代人眼中還很幼稚，但是他們的選擇就是未來。

我們將在第四章討論元宇宙經濟學，其中有一個很重要的假設：元宇宙的阿凡達們沒有自私的基因。這個特徵其實和這些年輕人的經歷、追求、精神等息息相關。

M 世代的 互聯網紀年

日本社會學家嚴原勉認為，羣體是指「具有特定的共同目標和共同的歸屬感，存在着互動關係的複數個人的集合體」。我們總是習慣把一類具有相同特質的人歸結為一個世代，比如說「80 後」、「90 後」、千禧一代 ① 、X 世代、Y 世代、Z 世代。我們將目光投向最具活力和可塑性的 Z 世代，在本書中，我們為他們換一個

---

① 有一種說法稱千禧一代（Millennial Generation）為「M 世代」，或者「多任務世代」（Multitasking Generation）、「多媒體世代」（Multimedia Generation），這代人的特點被歸納為可以在同一時間使用不同類型的即時網絡通信工具，喜歡將大部分時間花費在社交媒體和網絡遊戲上，從這個方面來講，這與「元宇宙世代」有異曲同工之處。

名字 —— M 世代（Metaverse Generation），即生活在元宇宙的這代人，他們大約出生於 1995 年到 2010 年之間。這代人伴隨着互聯網一起成長，受到互聯網、即時通信、短信、MP3、智能手機和平板電腦等科技產物影響很大。他們通常不畏權威、追求社交認同、注重自我實現、願意為知識及喜歡的一切付費。他們是元宇宙世界的居民，他們與智能手機一起成長，智能手機的發展史就是他們的成長史。

根據 QuestMobile 2021 年發佈的數據，截至 2020 年 11 月，「95 後」「00 後」活躍用戶規模已經達到 3.2 億，佔全體移動網民的 28.1%，其線上消費能力和意願均遠高於全網用戶。這代人，生活優渥，具有更強的消費意識，同時有更高的消費能力和消費意願。他們，是技術迭代的早期消費者，是移動互聯網中的重度用戶，興趣愛好極其廣泛，是社交、娛樂、購物等方面的生力軍。M 世代的生活到底是怎麼樣的？我們將以 1995 年出生的 M 世代為例，將他們的生長軌跡和互聯網發展中的一些大事件串聯起來看，或許能看到一些端倪（見表 2-1）。

表 2-1　M 世代的生長軌跡對應互聯網發展中的大事件

年份	M 世代紀年	互聯網發展大事記
1995	0	雅虎 1994 年成立、亞馬遜 1995 年成立； Java 發佈； 中國郵電部電信總局接入美國的 64K 專線
1996	1	瀏覽器戰爭：網景公司和微軟公司激烈競爭，爭奪互聯網入口； 中國公用計算機互聯網（CHINANET）全國骨幹網正式開通
1997	2	中國公用計算機互聯網（CHINANET）實現了與中國其他三個互聯網絡即中國科技網（CSTNET）、中國教育和科研計算機網（CERNET）、中國金橋信息網（CHINAGBN）的互聯互通
1998	3	電子商務、網絡拍賣、網絡門戶網站開始火爆； 谷歌成立； 騰訊成立； 京東成立
1999	4	阿里巴巴成立； 網上銀行火爆，招商銀行開始提供網上銀行服務
2000	5	百度成立； 網絡泡沫破滅：大量網站倒閉
2001	6	中國網絡遊戲市場爆發； 電信改革方案獲批准，「5＋1」的電信格局形成
2002	7	第一屆「中國互聯網大會」在上海國際會議中心成功舉辦
2003	8	支付寶上線； 中國國家頂級域名「.cn」下正式開放二級域名註冊； 電子競技正式成為中國體育項目
2004	9	Facebook 成立
2005	10	雅虎在中國的全部業務交給阿里巴巴經營管理
2006	11	校園社交網絡火爆
2007	12	蘋果發佈第一代 iPhone，移動互聯網時代來臨
2008	13	北京奧運會； 中國首台超百萬億次超級計算機曙光上線

年份	M 世代紀年	互聯網發展大事記
2009	14	工信部發放 3G 牌照； 比特幣創世區塊產生
2010	15	上海世博會開幕
2011	16	微信發佈
2012	17	共享經濟火爆； 中關村大數據產業聯盟成立
2013	18	工信部發放 4G 牌照； 以太坊項目啟動
2014	19	阿里巴巴在紐約證券交易所上市； Facebook 收購 Oculus 引發 VR/AR 浪潮
2015	20	國務院印發《促進大數據發展行動綱要》，大數據成為國家戰略
2016	21	短視頻平台「抖音」上線
2017	22	人工智能寫入國家戰略發展政策
2018	23	中國召開首屆進博會，宣佈推出科創板
2019	24	中美貿易戰； 工信部發放 5G 牌照，中國進入 5G 時代
2020	25	新冠肺炎疫情全球暴發
2021	26	元宇宙元年； Roblox 上市

從表中可以看出，M 世代幾乎和互聯網的發展同步。他們拿起的第一部手機就是智能手機；他們打開的第一個應用很可能就是遊戲；他們發佈的第一個作品很可能就是短視頻。M 世代塑造了互聯網，互聯網也塑造了 M 世代。

自我實現的世代呼喚

我們借用馬斯洛的需求層次理論來觀察 M 世代的心理需求。馬斯洛的需求層次結構是心理學中的激勵理論，流傳比較廣的五級層次模型，現在已經擴展到八級。本書中採用七級模型，自下而上分別是：

第一個層次的需求為生理的需要：食物、水分、空氣、睡眠、性的需要等。它們在人的需要中最重要，最有力量。

第二個層次的需求為安全需要：人們需要穩定、安全、受到保護、有秩序、能免除恐懼和焦慮等。

第三個層次的需求為歸屬和愛的需要：一個人要求與其他人建立感情的聯繫或關係。例如人們積極進行社交活動，結交朋友，追求愛情。

第四個層次的需求為自尊的需求：希望受到別人的尊重。自尊的需要使人相信自己的力量和價值，使得自己更有能力，更有創造力。例如努力讀書來證明自己在社會中的存在價值。缺乏自尊使人自卑，使人沒有足夠信心去處理問題。

第五個層次的需求為認知需求：知識和理解、好奇心、探索、意義和可預測性需求。

第六個層次的需求為審美需求：欣賞和尋找美，平衡，形式等。

第七個層次的需求為自我實現需求：人們追求實現自己的能力或者潛能，並使之完善化。在人生道路上自我實現的形式是不

一樣的，每個人都有機會去完善自己的能力，滿足自我實現的需要。例如運動員把自己的體能練到極致，讓自己成為世界之最或是單純為了超越自己；一位企業家認為，自己所經營的事業能為社會帶來價值。

M世代，物質生活方面幾乎從未經歷匱乏，所經歷的更多的是因為物質豐富而導致的選擇困難。總體來看，M世代普遍在第一、第二層級已得到充分的滿足。

M世代的需求更多集中在精神層面，希望與他人建立情感聯繫，希望被認可，持續學習關注新鮮事物，追求美、藝術、快樂，發揮自身潛能，不斷地完善自己。

以M世代為主的社會中，物質非常豐富，雖然還沒有達到理想的按需分配的狀態，但在他們出生的那一天起，「短缺」根本就不存在。傳統的經濟學（相較元宇宙經濟學而言）研究的對象是實物商品，製造有成本，容易受到原材料等資源的限制。M世代並不關心實物商品，而是關心實物商品上附加的「文化」屬性，跟個人的感受、體驗相關，和美、流行的趨勢、朋友的選擇相關。

在元宇宙中，虛擬商品極大豐富，完全可以實現按需分配。當然在具體的商業實踐中，生產商人為地製造稀缺性，來吸引M世代的目光。

當面對極大豐富的虛擬商品的時候，M世代還是以利己為主要價值取向的經濟人嗎？

儘管M世代進一步被圈層化，形成流行的亞文化，但是總體上M世代是秉持着共享、共美的價值觀。畢竟比薩餅，我多吃一塊兒，你就會少吃一塊兒，但是快樂是每分享一次，就多一份快樂。分享，是M世代鮮明的特徵。

互助同樣表現得非常明顯。在一些團隊合作的遊戲中,「一個都不能少」的確是取勝的不二法門。隊友一旦受傷,必須傾力相救,才能保持更高勝率。共享、互助是元宇宙中 M 世代的共同價值觀。

圈層文化

加拿大哲學家查爾斯・泰勒指出,基於個人自主性的現代文化,源於社會的歷史性轉變:人獲得空前膨脹的個人權利和自由,由此具有全新的自我理解。M 世代,就是這麼一羣標榜個性,崇尚自我理解、追求自我實現的人,他們有很多標籤,有自己獨有的圈層文化,如互聯網原住民、敢賺敢花的「剁手黨」、顏值主義、二次元、懶宅一族、朋克養生黨等;他們善於表達,熱愛分享,是潮流的引領者。他們用手機指揮商家上門服務,以外賣到家服務為主要表現形式;他們熱愛亞文化,如動漫、網遊等;他們一般每日外出時間少於 3 小時,上網時間多於 8 小時。在遊戲中社交,尋找朋友和伴侶的情況也會時常發生,《微微一笑很傾城》為顧漫的小說,後被改編成為影視作品,講述了一對大學生情侶在遊戲世界相遇、在現實世界相愛的奇幻愛情故事。並不是空穴來風。

M 世代在懶宅人羣中佔比很大。根據 iiMedia Research(艾媒諮詢)數據顯示,2021 年,中國二次元用戶規模將突破 4 億人。最受懶宅用戶羣體喜愛的產品有:視頻、直播、外賣送餐、生鮮零售、電子閱讀、遊戲類的產品。懶宅羣體對每日優鮮、盒馬鮮生、餓了麼、美團的偏愛體現了懶宅用戶對「懶」的追求。騰訊視頻、嗶哩

嗶哩、虎牙、斗魚、掌閱的受歡迎程度也體現了懶宅用戶多樣化的休閒娛樂需要。

消費者大數據分析師徐璐指出，青年消費理念已經超越了炫耀名牌、貪圖虛榮和面子，反而更願意取悅自己。[①] 泡泡瑪特的爆火就是一個典型的例子。泡泡瑪特的 CEO 王寧曾說，泡泡瑪特做的是馬斯洛需求理論上層的生意，用戶買的不是剛需，而是文化（見圖 2-1）。「年輕人就是要及時行樂——買喜歡的衣服，吃想吃的東西，見想見的人，開心就是王道。」這似乎才是 M 世代的生活信條。

M 世代崇尚顏值主義。他們動不動就把「顏值」掛在嘴邊，毫不諱言自己的「顏值崇拜」，也是一種前所未有的景觀。他們願意為興趣付費，騰訊 QQ 聯合媒體推出的《95 後興趣報告》顯示，「95 後」年輕人稱，為興趣付費無可厚非。

有人為 M 世代梳理出 16 個亞文化圈層，分別是二次元、國風國潮、遊戲電競、潮玩酷物、硬核科技、御宅族、偶像圈、快文娛、cosplay、寵物、新舞音、新健康、新藝術、新教育、新競技、街頭野外。這些亞文化圈層有着極強的勢能，只要持續關注它們，就能感知新時代、新文化、新消費的脈搏，發現各種新機遇，獲得品牌的跨越式增長。[②]

---

① 曾昕：《理性消費者，還是感性購物狂——「Z 世代」消費文化解析》.《教育家》，2021（23）.

② 陳格雷：《Z世代的亞文化圈層大蒐羅》，https://t.qianzhan.com/daka/detail/210325-91d9232f.html，2021-03-25[2021-06-21].

突破想像的極限，
創造無盡的世界

在物理世界中，創造是需要較長時間的練習的。古代製作傢具、鐵器、瓷器都是手藝，需要拜師學藝和匠心精神，但是在元宇宙中，創造只是一件和想像力有關的事情，其餘所有的一切，軟件都能幫你搞定。只要你能想得到，點點鼠標，敲敲鍵盤，就能輕而易舉地設計並實現。無論你是計劃建造一座摩天大廈，還是親手設計一款芯片。元宇宙所有的物理法則、規則，都是人為設計的。人們不光是可以設計物體，甚至可以設計元宇宙本身，創造出形形色色的元宇宙。

自我實現和創造與欣賞緊密相關。自由自在地創造，如果沒有人可以分享，創造也就失去了社會意義。給用戶提供創作工具，並提供分享平台，是元宇宙的基本組成部分。

進一步延伸，就是數字創造產生的商業價值。NFT 已經給出了證明，在虛擬世界中，創作的數字作品，是可以交易產生實實在在的收益的。*Roblox* 中，玩家可以製作各類物品、皮膚，並在數字市場中，「賣」給那些需要的玩家。由創造進而分享，由分享進而交易，就是元宇宙居民自我實現的進階之路。

從 M 世代的成長經歷來看，他們幾乎和互聯網同齡。互聯網中光怪陸離的事情就是他們日常生活的一部分。他們被互聯網所塑造，同時他們也塑造了互聯網。他們從未缺乏物質享受，但是面臨選擇的障礙。選擇障礙的背後，其實是自我的缺失，以及對於自我認同的分裂。

M 世代對於精神世界的追求，超越所有世代的人。物質需求已經退居次席。當精神需求佔據需求的主導位置，整個社會可能就會為之一變。為甚麼一雙普通的耐克鞋，只因為是和某某明星的聯名款，就可能被炒作到數萬元？這背後是 M 世代認同的力量。

　　這種認同來自某些精神層次的深度共鳴，來自 M 世代自我實現的心理訴求。這是改變社會的力量。

　　元宇宙注定是 M 世代的元宇宙，M 世代注定是元宇宙的創世居民。他們相互塑造、相互影響，走在人類文明的最前沿。

你有過這種感覺沒有，就是你吃不準自己是醒着還是在做夢。

——電影《黑客帝國》

03

遊戲，寒武紀大爆發

遊戲是人類文明的起點。席勒說：「只有當人在充分意義上是人的時候，他才遊戲；只有當人遊戲的時候，他才是完整的人。」同時，遊戲也是大自然賜予的學習方式，只不過，商業遊戲的異化，掩蓋了遊戲的學習、教育功能。

　　遊戲是元宇宙的雛形，將會綜合藝術、文化、技術形成探索元宇宙文明的大潮。遊戲必將擔負起先行者、引領者的角色，拉動上游產業、帶動相關產業，逐次進入元宇宙時代。

　　傳統產業的發展，有必要借鑒遊戲的思想；傳統產業的數字化轉型，必須融入遊戲的元素。這也是進入元宇宙的必由之路。

大約 5 億 4200 萬年前到 5 億 3000 萬年前，地質學上將這段時間作為寒武紀的開始時間。在這段時間裏，種類繁多的無脊椎動物化石突然出現。長期以來，在早期更為古老的地層中，人們並未發現其明顯的祖先化石，這種現象被古生物學家稱作「寒武紀生命大爆發」，簡稱「寒武爆發」。

　　當生物學家還在苦苦尋求證據的時候，哲學家似乎已經找到了答案。在複雜的系統中，突變是系統演化的常態。引起變化的因素經過長時間的積累首先表現為量的變化。直到某一時刻，由於受到一個微小擾動的影響，經年累月的量變就會迎來質變，系統也為之一新。演化便從此加速，進入新時代。

遊戲，是文明的起源

玩而時學之，動物們的玩耍 [1]

　　玩耍對於動物的生存至關重要，玩耍不但可以幫助它們練習將來用得到的本領，而且還有助於提高它們的運動協調性，增強它

---

[1]　請參見：果殼網《學而時玩之：動物們的玩耍》，https://www.guokr.com/article/439441/,2014-11-11[2021-06-21].

們的體力。從哺乳動物到靈長類動物，它們的幼崽都是在玩耍中學習將來生存的本領。由此可見，玩耍並非阻礙健康成長的因素，反而是動物成長中不可缺少的行為，是為生存打下基礎的關鍵環節。

遊戲，大自然賜予的學習方式

觀察、模仿和遊戲，似乎是孩子們學習的自然路徑。從來沒有人特意教孩子怎麼用手機，尤其是智能手機、平板電腦之類。孩子們看着你用手指在屏幕上指指點點，他也就學着指指點點。每次「指點」手機有反應，孩子就會覺得有趣，跟着亂指、亂點、亂滑。觀察、模仿和遊戲是必須經過的階段。因為教父母使用智能手機，確實是要「教」的，而且還很難教會。最關鍵的是，父母從不亂指、亂點、亂滑。然而，在看似亂來的過程中，一些新的操作手勢可能就被孩子激活了，甚至成年人都不會用的操作，孩子很容易就掌握了。

在這樣的學習中，規則被一點一點地建立。兩個孩子玩耍中，就會發展出相處的規則。譬如，搶玩具是不行的。你搶他的玩具，他也會搶你的玩具。如果還想繼續玩兒，就得學會不能互相搶玩具。

規則的建立，其實就是遊戲的社會意義。在遊戲中，人們學會如何與他人相處、如何與世界相處。棋牌、麻將和桌遊是在現實世界進行的傳統遊戲。它們的社交性更強，除了娛樂性以外，也承載了很多信息交換和社交的功能。

中國古代的「六藝」——禮、樂、射、御、書、數，其實也

是遊戲，只是需要劃歸高雅的遊戲。

古人有云：「堯造圍棋，以教子丹朱。」孔子曰：「志於道，據於德，依於仁，游於藝。」「游於藝」在根本上是解放人心靈的手段，是使人走向完整的人的必要方式。席勒說：「只有當人在充分意義上是人的時候，他才遊戲；只有當人遊戲的時候，他才是完整的人。」

但是現代的教育，卻把遊戲和學習對立起來。尤其是風靡一時的遊戲大作，僅僅以滿足玩家的快感、體驗為重點，忽略了潛移默化的教育過程。而學習則變成循規蹈矩的重複練習，忽略了玩耍的學習效用。在元宇宙的多維時空中，遊戲是否可以回歸其本質？

遊戲，文明的起源

荷蘭語言學家和歷史學家約翰・赫伊津哈（Johan Huizinga）著有《遊戲人生》，是第一部從文化學、文化史學視角切入，對遊戲進行多層次研究的專著，闡述了遊戲的定義、性質、觀念、意義、功能及其與諸多社會文化現象的關係。

約翰・赫伊津哈明確指出：「文明是在遊戲之中成長的，在遊戲之中展開的，文明就是遊戲。」「在文化的演變過程中，前進也好，倒退也好，遊戲要素漸漸退居幕後，其絕大部分融入宗教領域，餘下結晶為學識（民間傳說、詩歌、哲學）或是形形色色的社會生活。但哪怕文明再發達，遊戲也會『本能』地全力重新強化自己，讓個人和大眾在聲勢浩大的遊戲中如痴如醉。」

赫伊津哈認為，無論科學多麼成功地將遊戲的特徵加以量

化，在面對諸如遊戲的「樂趣」這些概念的解釋時，科學也束手無策。「大自然本可以輕而易舉地以純粹機械反應的方式將『釋放過剩的精力』『勞碌之後的放鬆』『生活技能的培訓』『補償落空的期盼』等這些有用功能贈予她的孩子 ── 可大自然並未這麼做。她給了我們遊戲，給了我們遊戲的緊張、遊戲的歡笑，還有遊戲的樂趣。」因此，我們不必探究影響遊戲的自然衝動和習性，而要研究遊戲這種社會結構的各種具體形式，「盡可能按照遊戲的本來面目看待遊戲」。

赫伊津哈首先指出，遊戲超出了人類生活領域，因此它的產生與任何特定階段的文明和世界觀無關。在文化本身存在以前，遊戲就已經存在，它在初始階段伴隨着文化，滲透進文化，直至我們當前所處的文明階段。接着，他指出，遊戲無法被直接歸入真、善、美的範疇。因為遊戲無法為人類所獨有，故不以理性為基礎。遊戲處於智愚、真假、善惡對立之外，不具備道德功能，不適用於善惡評價。儘管遊戲與美之間聯繫豐富，但也不能說美是遊戲本身固有的。那麼，如何界定遊戲呢？他說：「我們只能到此為止，因為遊戲是一種生存功能，我們不能從邏輯學、生物學或美學上對其加以精確定義。遊戲概念必定始終有別於其他用以表述精神生活和社會生活結構的思維形式。」

他認為，人類和動物在一般意義上的遊戲特徵是一致的。就一般意義上的遊戲而言，人類文明並未添加任何不可或缺的特徵。但是對這種一般意義上的遊戲，他並未深入探討，只寫道：「遊戲中，某種超越生命直接需求並賦予行動意義的東西『在活動』（at play），一切遊戲都有某種意義。」赫伊津哈主要探究的是人類羣體性遊戲的特徵。「既然我們的主題是遊戲與文化的關係，那就不

必探究所有可能的遊戲形式，讓我們研究其社會表現形式即可。我們也可以稱之為高等形式的遊戲。」由此，他歸納出遊戲的三個特徵：一、遊戲是自由的，是真正自主的。遊戲是兒童和動物的自主行為，因為他們喜歡遊戲。如果要說這種自主不存在，是本能驅使了他們遊戲，這種假設遊戲實用的做法犯了竊取論點（petitio principii）的謬誤。二、遊戲不是「平常」生活或「真實」生活。孩子們都心知肚明，「只是在假裝」或「只是好玩而已」，但這並不會使遊戲變得比「嚴肅」低級。然而，遊戲可以昇華至美和崇高的高度，從而把嚴肅遠遠甩在下面。三、遊戲受封閉和限制，需要在特定的時空範圍內「做完」（played out）。「遊戲有時間限制，但它和文化現象一樣具有固定形態，可以形成傳統。」「遊戲的進行受到空間限制。競技場、牌桌、魔環、廟宇、舞台、銀幕、網球場和法庭等在形式和功能上都是遊戲場所，即隔開、圍住奉若神明的禁地，並且特殊規則通行其間。它們都是平行世界裏的臨時世界，用於進行和外界隔絕的活動。」赫伊津哈還探討了封閉的遊戲場所內的秩序與規則，認為遊戲創造了秩序，甚至遊戲就是秩序。「它把暫時的，受約束的完美帶進殘缺的世界和混亂的生活。」無視規則，就會成為「攪局者」，而「攪局者」比「作弊者」威脅更大，因為其破壞了遊戲世界本身。

在探討完遊戲的特徵後，赫伊津哈開始論述這種高等形態遊戲的功能。「高等形態的遊戲功能主要來自兩方面：一是為某樣東西競賽；二是對某樣東西再現。而通過遊戲以『再現』競賽，或遊戲成為出色再現某樣東西的競賽，這兩種功能就合二為一了。」這裏，他重點探討了宗教表演。我們也可藉此窺見他是如何分析文化的遊戲要素的。赫伊津哈認為宗教表演「以再現來實現」

（actualization by representation），並處處保留着遊戲的特徵。他引用了德國人類學家弗洛貝尼烏斯的觀點：「遠古人類以祭祀戲來表演萬物運行的博大秩序，在祭祀戲中再現了遊戲中再現的事件，並藉此幫助維護宇宙秩序。」但赫伊津哈認為弗洛貝尼烏斯在談遊戲用於再現某種天象並以此令其發生時，「某種理性的成份混了進來」「似乎偷偷重新認可了他強烈反對過的，與遊戲本質水火不容的目的論」「在他看來這一事實是次要的，至少從理論上看，激情可以用其他方式傳達。而我們認為，恰恰相反，全部的要點就在於遊戲」。赫伊津哈進而認為，這種宗教的儀式表演和兒童遊戲、動物遊戲在本質上沒有不同。「遊戲特有的所有要素（秩序、緊張、運動、變化、莊重、節奏、痴迷）在古代社會遊戲中早已具備，只是在稍後的社會階段，遊戲才與『在遊戲中並通過遊戲表達某樣東西』的觀念聯繫在一起，人類認為自己扎根於萬物的神聖秩序中，藉助了遊戲的形式和功能，這種意識找到了最初的表達，也是最高級、最神聖的表達。而遊戲自身則是無意義、非理性的獨立實體。宗教活動的意義漸漸滲透進遊戲，儀式本身嫁接其中，但根本之物還是遊戲，也一直是遊戲。」

儀式的嚴肅是崇高而神聖的，那這還能算遊戲嗎？赫伊津哈在此借用了柏拉圖的觀點：「極度嚴肅唯有神配得上，而人是神造的玩偶，那就是人的最佳用途。因此，男男女女都要照此生活，玩最高尚的遊戲，並達到有別於當前的另一種精神境界。」他極其讚賞柏拉圖這種把遊戲等同於神聖，並稱神聖為遊戲的觀點，認為我們在遊戲中「既可以在嚴肅的層面下活動，也可以在這之上活動 —— 在美的領域和神聖的領域活動」。但是赫伊津哈也在提防我們過度延伸遊戲的概念，認為所有的宗教儀式，如巫術、禮拜、

聖餐和秘儀等活動全是遊戲。「涉及抽象概念時，務必不要牽強附會，玩文字遊戲。」赫伊津哈在論述儀式是遊戲的觀點時是極其小心的。他一步步地追問：「遊戲與儀式的相似是否純粹限於形式？」「以遊戲形式進行的這種宗教活動，在多大程度上是以遊戲的姿態和心態進行的？」「遊戲的本質特徵之一，即『只是在假裝』的意識，與虔誠舉行的儀式活動在多大程度上兼容？」並且，他引用了人類學者們的關於節慶、古代宗教儀式、野蠻人儀式的大量研究，最後得出：儀式就是柏拉圖所謂的遊戲。「我們追隨他，決不放棄聖潔的神秘體驗，並堅持把這種體驗視為邏輯思維認識不到的最崇高的情感。」

可以說，赫伊津哈是想用遊戲為人類的文明尋找出路。在赫伊津哈的另一部著作《中世紀的衰落》中，他指出三條實現美好生活的道路：宗教的彼岸理想、現實世界的改進和夢境，也就是超現實的途徑。而《遊戲的人》正體現了他的第三條途徑，也就是超現實的途徑。他沒有僅僅將遊戲視為對現實的逃避。在他看來，遊戲體現了人類超越現實的衝動。「如果認為世界完全受盲目力量支配的話，遊戲就純屬多餘了 —— 只有精神的洪流沖垮了為所欲為的宇宙決定論，遊戲才可能存在，我們才能想像遊戲、理解遊戲。正因為遊戲的存在，人類社會超越邏輯推理的天性才被不斷證實。」

歷史學家羅伯特·貝拉（Robert Bella）認為：人是唯一不能百分之百地生活在現實中的物種。我們總是要通過各種方式去脫離現實、超越平庸。遊戲和做夢、旅遊、藝術活動等一樣，都是我們超越現實的手段，或許這才是遊戲對於人類真正的意義。

遊戲，是元宇宙的胚胎發育期

元宇宙是互聯網發展的下一個形態，各行各業都會受到影響。每一個時代，都會有一個先導產業爆發式增長，帶動其他要素發展，其他要素進一步促進相關產業的發展，從而形成正反饋，社會便加速進步。我們首先回顧一下工業時代的先導產業，以及工業革命發生的順序，這有助於我們預測元宇宙的發展。

棉花產業帶動了工業革命

如果要問甚麼產業代表工業力量，大家都很容易地想到空間站、火星車、飛機、巨輪、原子彈等。但是從哪個產業開始，才引發了偉大的工業革命呢？

早在 18 世紀，英國開啟了第一次工業革命。在工業革命之前，農業和手工業佔據英國經濟的主體地位。所有的經濟活動中，生產食物、衣服和住房是最基本的，而在所有天然衣服纖維中，棉纖維是最具柔韌性和最易由機器控制的。與生產糧食和建造房屋相比，紡織勞動更為輕便，更少依賴天氣、季節、光照等自然條件，也更容易採用簡單重複的動作來完成，比如紡紗、織布等。因此，此類活動也就更容易利用低成本的工具實現機械化。與其他輕工業消費產品（如珠寶、陶瓷、家居產品等）相比，紡織品的市場潛力最大，消費彈性最強。紡織品既可以做材料，也可以做

成最終消費品。紡織品市場能隨着人們收入的提高而快速增長，輕鬆支撐大規模生產，並因為其技術簡單而能促進競爭下的創新。在工業革命開始前的 14 世紀，英國政府就已經幫助英國培育全球的紡織品市場將近百年。18 世紀初，英國已經創建了最大的歐洲紡織品市場，並擁有數量最多的紡織品原始工業。[①]

英國的工業革命率先從棉紡行業開始，並且，只有具備高收入彈性需求的巨大市場，才能夠刺激並維持機械化大規模生產。

工業革命一旦起步，連鎖反應便開始了。卡爾·馬克思曾在《資本論》中說過：「機械紡紗機造就了機械編織，並且二者在漂白、印刷、印染方面的化學革命勢在必行。同樣地，為了分離種子和棉纖維，棉紡革命催發了軋棉機的發明。只有通過這個發明，當時所需要的大規模棉花生產才成為可能。」

19 世紀的英國有着廣闊的地理空間，貿易量和商品配送需求大規模增長，自然而然帶動了其他領域的工業革命，產生了煤炭、鋼鐵、蒸汽機、電報，以及公路、鐵路、輪船等運輸工具。

一旦勞動分工形成，需求和供給便相互分離且不斷細分。需中有供、供中有需，儼如「陰陽」，相輔相成。一方面，市場需求和供給雙方隨即也會開展一場相互創造、相互追趕的競賽，各自的發展螺旋式上升。機械化的每一步都提高了生產規模，並且更大的生產規模就需要更大的市場來消費。換句話說，生產能力的每次擴展，需要更多的需求來吸收，從而激發資本家進入新的大陸，創造

[①]　文一：《偉大的中國工業革命—發展政治經濟學一般原理批判綱要》. 北京：清華大學出版社，第 98 頁.

新的市場。另一方面，市場的每一次擴展都會使得新一輪的機械化有利可圖。同時，一個領域的機械化變革，會使相關產業產生類似的需求和激勵。增長帶來更多的增長，擴張導致更大的擴張。

第一次工業革命對於能源的需求，刺激了第二次工業革命的到來，我們至今仍在享受工業革命的成果。

棉花紡織業作為工業革命的先導產業，擁有幾個特徵：第一，行業空間足夠大。第二，行業需求無上限。第三，產業鏈條足夠長，可以引起變革的連鎖反應。第四，需要的技術多，可以促使技術成熟，產生外溢效應。

其實，早在英國第一次工業革命之前，荷蘭造船業的分工就已經足夠細緻。但是，當時的造船業不足以開拓巨大的市場，先進的造船業只能培育出優秀的工匠。如果想要引發工業革命連鎖反應的浪潮，造船業顯然力不從心。儘管在 17 世紀，荷蘭就已經雄踞世界，國力壓過英國一頭，但是擔負第一次工業革命使命的國家，還是英國。歷史注定選擇棉紡織業作為第一次工業革命的先導產業，而不是漁業等產業。

遊戲孕育了元宇宙

任何大的時代變遷，都有現象級的行業發展，形成示範效應。棉紡織產業的特徵幾乎和現代遊戲產業的特徵一模一樣。

首先，產業空間大。2020 年 12 月 17 日，中國遊戲產業年會現場，中國音像與數字出版協會第一副理事長張毅君公佈了《2020年中國遊戲產業發展狀況》。從幾年的大數據來看，遊戲行業依然

保持着高速增長，2020 年的總收入為 2786.87 億元，比 2019 年增加了近 500 億元，用戶數量也在穩定增長。這說明，和所有人都有保暖避寒的需求一樣，所有人也都有娛樂休閒的精神需求。

其次，消費彈性空間大。愛美的女士，可以一天換一件衣服。遊戲也一樣，人們總是喜歡嘗鮮，體驗不一樣的東西。需求幾乎是沒有上限的。

再次，產業鏈條長。棉紡織業上游有着棉花種植、採摘、軋棉、紡紗、織布、印刷和印染等環節。遊戲軟件包括設計、開發、發行；硬件包括主機、芯片、操作系統。此外，還有通信，包括 5G、光纖等。

最後，對相關產業的帶動性非常強。棉紡織業帶動了上游的農作物種植、機械製造、運輸、化工等產業。遊戲玩家都深有體會的是，遊戲硬件總是跟不上遊戲的需求，需要更好的 3D 引擎、CPU（中央處理器）、GPU（圖形處理器）、顯示屏、VR 和 AR 等。

作為元宇宙的雛形，大型遊戲一般都具備如下五個特徵。

（1）基礎的經濟系統：遊戲中建立了和現實世界相似的經濟系統，用戶的虛擬權益得到保障，用戶創造的虛擬資產可以在遊戲中流通。

（2）虛擬身份認同強：遊戲中的虛擬身份具備一致性、代入感強等特點，用戶在遊戲中可以以虛擬身份進行虛擬活動。遊戲一般依靠定製化的虛擬形象和形象化的皮膚，以及形象獨有的特點讓用戶產生獨特感與代入感。

（3）強社交性：大型遊戲都內置了社交網絡，玩家可以及時交流，既可以用文字溝通，也可以語音，甚至可以視頻。

（4）開放自由創作：遊戲世界包羅萬象，這離不開大量用戶的創新創作。如此龐大的內容工程，需要開放式的用戶創作為主導。

（5）沉浸式體驗：遊戲作為交互性好、信息豐富、沉浸感強的內容展示方式，將作為元宇宙最主要的內容和內容載體。同時，遊戲是 VR 虛擬現實設備等最好的應用場景之一。憑藉 VR 技術，遊戲能為用戶帶來感官上的沉浸體驗。

國盛證券研究報告從開放自由創作、沉浸式體驗、經濟系統、虛擬身份及強社交性方面分析了 Roblox、Decentraland、Soul、《Minecraft》《魔獸世界》《堡壘之夜》《王者榮耀》這些項目與元宇宙概念的關係 [1]。報告顯示，Roblox 的玩家在創作遊戲時具備極高的自由度，平台具備全面且與現實經濟互通的經濟系統。虛擬資產和虛擬身份可以在遊戲內容間互通，創作者可以在自己遊戲中設計商業模式。Roblox 的模式已經可以看出元宇宙的雛形。《Minecraft》在開放自由創作方面接近元宇宙，而在其他方面較有差距。《魔獸世界》在虛擬身份代入感、社交性和體驗感方面都靠近元宇宙概念。《堡壘之夜》具有很高的人氣。Decentraland 在經濟系統上更為接近元宇宙的形式。《王者榮耀》具備一定的虛擬社交屬性，但與元宇宙的概念差別較大。Soul 只在社交性和虛擬身份方面與元宇宙的概念有些許關聯。

元宇宙的基本特徵，在遊戲世界中得到精彩的展現和詮釋，但是並沒有一款遊戲能完全達到理想的元宇宙狀態。從這點來講，

---

[1]　具體請參見國盛證券研究報告《元宇宙：互聯網的下一站》。

遊戲不過是元宇宙的雛形，但是從遊戲角度出發，我們可以充分理解元宇宙。

遊戲，拉動上游產業的發展

與元宇宙遊戲相關的產業鏈（或說價值鏈），可以劃分為七個方面，自下而上分別是基礎設施、人機交互、去中心化、空間計算、創造者經濟、渠道和體驗（見圖 3-1）。

圖 3-1　Metaverse 的七層價值鏈（資料來源：Roblox 招股書）

基礎設施包括 5G 通信、Wi-Fi 6、雲計算、芯片工藝、微機電系統、圖形處理器等。人機交互包括手機、智能眼鏡、可穿戴

設備、觸覺設備、手勢感應裝置、聲控、腦機接口等。去中心化包括邊緣計算、AI、微服務、區塊鏈等。空間計算包括 3D 引擎、VR、AR、XR、多任務處理 UI、空間地理製圖等。創造者經濟包括設計工具、資本市場、工作流程、商業系統。渠道包括廣告網絡、社交網絡、策展、商店、代理商等。體驗包括遊戲、社交、電子競技等。

雖然，遊戲不過是元宇宙的雛形，但是遊戲的發展，全面帶動了元宇宙所必需的技術基礎和經濟系統。這些技術的外溢，甚至是遊戲體現的生產關係的外溢，會引起相關產業一系列的變化。我們擇其緊要者，略作分析。

遊戲和 5G

視頻之於 4G，就像遊戲之於 5G。它們相輔相成，共同促進。事實上，如果缺少遊戲對於大帶寬、低時延、高併發的相關應用，5G 鋪設的速度就會越來越慢。畢竟大家只是看個視頻，4G 就夠用了。業界曾認為，自動駕駛可能是 5G 的「殺手級」應用，可以刺激 5G 的增長。雖然電動汽車越來越多，但是自動駕駛的普及還尚需時日。工業、礦業中 5G 應用案例也已經比比皆是，但是僅僅依賴生產中的一些場景來帶動 5G 的發展，無疑是非常吃力的。必須是消費級市場的普及型應用，才能拉動 5G 產業。

遊戲，成了 5G 應用的重要選擇。「真 VR」需要 5G。

影響用戶體驗的主要是視頻分辨率、幀率、頭部 MTP 時延、操作響應時延和肢體 MTP 時延等，其中後三者的體驗可以通過芯

片算力提升、傳感器優化、數字接口優化和操作系統優化等實現，而分辨率和幀率等因素主要影響用戶臨場感、逼真度和眩暈感，這些參數與圖像渲染和視頻質量有關。

只有當 VR 達到 16 K 之後，肉眼才察覺不到紗窗效應，也就是接近肉眼的「完全沉浸感」。16 K 像素點約 1.3 億，如果以 24 真彩色為標準，默認 140 Hz FPS 下，每秒的原生視頻流量達到驚人的 138 Gbps。因此，隨着 VR 硬件的提升，如果我們要擺脫有線的束縛，必須探索大帶寬低時延的無線網絡及高效的視頻壓縮算法。

根據華為報告測評，在水平視域 110 度，自由度 6 DOF，視頻基於 H.264 編碼下，單眼 1.5 K、FPS 60 為「入門級」水平，這時需要的帶寬是 25 Mbps。而單眼 2 K 和幀率 90，將作為未來的體驗提升目標，這時需要的帶寬是 153 Mbps。而如果用戶體驗達到理想水平，需要達到單眼 6 K、幀率 90 的水平，此時需要帶寬 1.4 Gbps，因此 5G、千兆寬帶和 Wi-Fi 6 等下一代接入方式必不可少。

表 3-1　不同單眼分辨率不同幀率對應的平均碼率和視頻體驗得分

（資料來源：華安證券研究所《華為雲 VR 臨場感指數白皮書》）

單眼視頻水平分辨率	幀率（FPS）	平均碼率（Mbps）	視頻質量	視聽逼真度
1K	60	25	2.43	3.10
1K	90	38	2.65	3.23
2K	60	102	3.43	3.68
2K	90	153	3.74	3.86

單眼視頻水平分辨率	幀率（FPS）	平均碼率（Mbps）	視頻質量	視聽逼真度
3K	60	229	3.89	3.95
3K	90	343	4.24	4.15
4K	60	407	4.12	4.08
4K	90	610	4.49	4.29
6K	60	916	4.33	4.20
6K	90	1442	4.73	4.43

在 5G 方面，根據愛立信移動報告，2021 年全球 5G 用戶滲透率大概能達到 10%，至少到 2025 年，5G 滲透率達到 40% 左右才有可能看到 VR 室外規模商用。寬帶方面，根據網速測試工具 Speedtest 分析，2021 年一季度全球前十大網速領先國家網速約為 200 Mbps，目前僅能支持 2 K、90 FPS 的 VR 體驗，千兆寬帶的普及具有很大價值。

5G 才能支持「雲遊戲」

雲遊戲是一種以雲計算和串流技術為基礎的在線遊戲技術，其遊戲的邏輯和渲染運算都在雲端完成。數據處理完成後，結果被編碼成音頻流、視頻流，通過網絡傳輸給終端，終端則將用戶的操作信息傳輸給雲端，進行實時交互。雲遊戲支持用戶使用隨身攜帶的移動設備隨時隨地享受 3A 級遊戲大作的極致體驗，打通大型遊戲的終端壁壘。而其中延遲程度的高低將直接影響雲遊戲的用戶體驗，因此網絡顯得尤為重要。伴隨着 5G 技術的成熟，雲遊戲最關鍵的網絡問題迎刃而解。

一些大型的桌遊對硬件的配置要求很高。普通的辦公用筆記本根本無法滿足大型遊戲的需求。隨着 5G 的發展，現在可以把大量的計算放在雲端完成，電腦端只需要顯示網絡傳輸的畫面即可，這就大大降低了對於電腦的配置要求。甚至在手機和平板電腦上，我們也可以玩大型遊戲。

雲遊戲主要有五個核心技術：GPU 服務器、虛擬化、音視頻技術、實時網絡傳輸和邊緣計算。目前各核心技術均已趨於成熟。

遊戲和 VR

需要 VR/AR 設備在用戶體驗方面不斷進步

2018 年，美國一項針對專家的調研顯示，在影響 AR 和 VR 普及的各類因素中，用戶體驗被視為最主要的因素。選擇這兩項的受訪者佔比分別達到 39% 和 41%（見圖 3-2）。如果設備性能不過關，用戶體驗感就會大打折扣。作為未來進入元宇宙的第一入口，AR 和 VR 目前仍須在軟硬件上不斷做出優化。

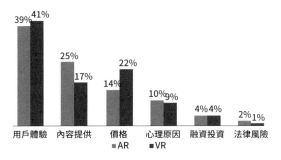

圖 3-2　用戶體驗是影響 AR/VR 普及的主要瓶頸

（資料來源：eMarketer、華安證券研究所）

以 VR 設備為例，目前主流產品類型包括 VR 手機盒子、VR 頭顯和 VR 一體機。市面上 VR 設備的分辨率最高支持到 4 K。如上所述，若要達到人眼最自然的清晰度，則需要 16 K 的水平。高刷新率可以提高畫面的流暢度，減少延遲和重影，一定程度上減輕人們使用 VR 設備時產生的眩暈感。最理想的刷新率是 180 Hz，而目前大部分 VR 頭顯刷新率為 70 Hz 至 120 Hz。

對於輕便性需求，刺激無線串流技術發展

為了實現 VR 頭顯的輕便，並解決空間移動問題，無線串流是 VR 產品設計須着力解決的方向。目前主流的無線串流技術主要是 Wi-Fi 和私有協議，前者將 PC（個人計算機）的 GPU 渲染並壓縮過的數據通過 Wi-Fi 路由器傳送至頭顯，通常需要千兆路由器才能有比較流暢的體驗。由於技術的不成熟，目前存在額外延遲、畫質損耗、高性能消耗及其他不穩定因素。後者是通過設備廠家自己研發的壓縮算法和通信協議進行傳輸的。例如，使用 VIVE 無線套件及 WiGig 配件，可以讓我們實現電腦和 VR 頭顯延遲小於 7 ms，但需要架構額外的 WiGig 加速卡，增加了用戶的成本。

表 3-2　主要 VR 內容平台概況

（資料來源：映維網、VR 陀螺、青亭網、搜狐網、華安證券研究所）

平台	所屬公司	VR 內容豐富度（括號內為統計截止日期）	用戶數據	覆蓋領域
Steam VR	Valve	遊戲＋應用共計 4906 款（2021 年 4 月）	月活 204.68 萬（2020 年數據）	遊戲
Viveport	HTC	約 2700 款（2019 年 8 月）	周活超 10 萬（2017 年數據）	遊戲、教育等
Rift	Oculus	遊戲＋應用 1779 款（2021 年 4 月）	/	遊戲
Quest	Oculus	遊戲＋應用 268 款（2021 年 4 月）	/	遊戲
天翼雲 VR	中國電信	上萬部視頻內容（2020 年 10 月）	總活躍用戶 350 萬（2020 年 10 月數據）	視頻
RecRoom	RecRoom	75 款小遊戲（2018 年）	月活數超 100 萬（2021 年 1 月數據）	遊戲
PlayStation VR	索尼	約 500 款（2019 年 3 月）	月活數約 8 萬（2018 年數據）	遊戲
Veer VR	VeeR	超 250 款（2018 年 10 月）	/	視頻
Pico	小鳥看看	100 多款（2021 年 2 月）	用戶月活率 55%＋（2021 年 3 月數據）	遊戲

在遊戲的帶動下，VR/AR 出貨量持續攀升（見圖 3-3），全球 VR 硬件市場規模快速增長（見圖 3-4）。

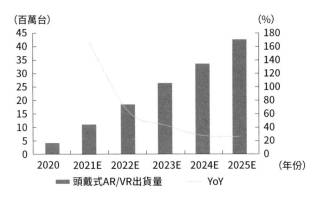

圖 3-3　2020—2025 年 AR/VR 頭顯出貨量 CAGR 53%（資料來源：Trendforce、
　　　　華安證券研究所）

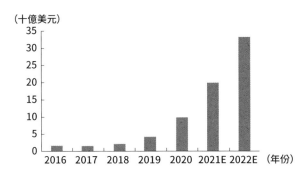

圖 3-4　2020—2022 全球 VR 硬件市場規模快速增長

（資料來源：Statista、華安證券研究所）

遊戲和數字貨幣

　　從經濟視角來看，每一款遊戲都是「體驗＋消費」，而符合元宇宙特徵的遊戲，還要增加「創造」一詞。創造和消費也就促進了基礎的價值循環。更進一步，現代所有的遊戲，都是一個「虛擬的經濟

體」，在遊戲營造出的虛擬世界中，都需要「消費」通行的「貨幣」。「氪金」作為網絡的流行語，在遊戲中，是指向遊戲中「充值」的行為。

事實上，擁有「氪金」的遊戲，就是一個獨立的經濟體。

遊戲的商業模式，也經歷了幾個變遷過程。最初，遊戲和其他軟件銷售一樣，銷售遊戲光盤，玩家一次付費，終身使用。遊戲有着和其他物品類似的商品屬性。賣遊戲就像是賣書一樣。

盛大代理《傳奇》是一個里程碑，開始了遊戲點卡充值的時代。人們不再像賣書一樣賣遊戲了，而是變成按時長收費，時間不夠了要充值。這個階段很短，很快過渡到賣道具的階段。

也就是說，遊戲不收費，不設時間限制，可以任意玩，但是如果需要一件新的「寶貝」或者新的「衣服」（皮膚），就得花錢購買。充值，就成了玩家的常態，甚至引申出「氪金」這個頗具朋克色彩的網絡流行語。現在，很少能找到沒有「氪金」的遊戲。

遊戲的商業模式發展到這個階段，其實還是用戶方面的消費行為。只是從一次性付費，變成持續性付費。充值後，也沒有「退款」選項。玩家和遊戲廠商都默認玩家早晚會消費掉所有「氪金」。

Roblox 做出了一個大膽的創新，就是用戶充值後可以取現。這是一個石破天驚的舉動，就算是在金融創新、金融衍生品令人眼花繚亂的美國，也是頗具爭議的行為。這給金融監管帶來一個很嚴肅的話題：如果涉嫌洗錢該如何處理？這個話題，我們將在第五章繼續討論。

在 *Roblox* 中充值可以取現的規則，就和我們出國換外幣一樣。去其他國家旅行，機場往往有一個貨幣兌換的櫃台，可以把人民幣換成其他國家的貨幣。如果去越南，就換成越南盾，去美國就換成美元。回國的時候，再把越南盾或者美元換成人民幣。

貨幣兌換是有手續費的，以此限制大家不能兌換太多。就算有人財大氣粗，不在乎那點手續費，還有總額限制，並且單次也不能兌換過多。

每個國家都有自己的貨幣，無論國家大小，貨幣是一個國家主權的象徵。如果一個國家沒有自己獨立的貨幣，則根本稱不上是一個獨立的國家，一定是某個大國的附庸，徒具國家之名而已。

有了統一的貨幣，就算不是一個國家，也會成為聯繫緊密的經濟體。歐元就是現實的例子，但是，把千年以來就互相獨立的國家統一成一個國家，難度太大。他們退而求其次，先把貨幣統一，這就有了歐元。

Roblox 內部發行了 Robux 貨幣，為了行文方便，我們簡稱它為「蘿蔔幣」。在遊戲中購買道具，只能使用「蘿蔔幣」。在遊戲中製造道具，可以出售。這樣玩家在遊戲中可以賺「蘿蔔幣」。退出遊戲時，可以把「蘿蔔幣」換成美元。

有了「蘿蔔幣」，*Roblox* 就像一個經濟體一樣運行。人們進入 *Roblox*，不再是單純的消費行為。有些人進入 *Roblox* 是為了謀生，這些人是 *Roblox* 中的創造者，他們可以設計出新的「皮膚」，賣給其他玩家，玩家用「蘿蔔幣」支付，賣家也可以隨時把「蘿蔔幣」換成美元。如此一來，有買有賣的經濟行為產生了，一個虛擬世界的經濟體形成了。

「蘿蔔幣」，展示了元宇宙經濟的雛形。

熟悉比特幣、以太坊的讀者，可能會問：「這不就是 ETH 嗎？」的確，利用以太坊的技術，可以實現「蘿蔔幣」。如果只是在 Roblox 中使用蘿蔔幣，也可以採用其他技術來實現。

具備元宇宙特徵的遊戲，天然形成了數字貨幣的應用場景。

這是傳統的貨幣系統無法支持的領域。隨着元宇宙爆炸式地增長，數字貨幣總交易量飛速上漲。

以太坊是基礎的數字貨幣，可以成為元宇宙的通行貨幣。元宇宙提供了以太坊貨幣的應用場景，以太坊貨幣可以進一步促進元宇宙的爆發。

DC/EP（央行數字貨幣）是基礎的數字貨幣，或說 DC/EP 本身也可以成為元宇宙的通行貨幣。它們之間同樣是相互促進的關係。

傳統產業數字化發展之路，需融入元宇宙要素

對於傳統產業數字化轉型這個宏大的話題，本書不作展開。本部分簡要提示元宇宙對於數字化轉型的啟示。

從信息化到數字化

很多諮詢公司的從業者，往往糾結於一個問題，就是信息化和數字化的區別。這也難怪，諮詢顧問面對客戶的時候，他們不得不回答這個問題。難道以前建設的信息系統不香了？現在，信息系統變成了「數字」系統，人們還得多花錢。到底數字化解決了哪些信息化沒有解決的問題？

對於信息化和數字化的差別如圖 3-5 所示。區分信息化、數字化的關鍵在於區分決策是在物理世界還是數字化世界完成的。如果決策是在數字化世界完成的，那就是數字化，如果決策是在物理世界完成的，那就是信息化。這裏的決策，是指導物理世界中執行下一個「動作」的指令。

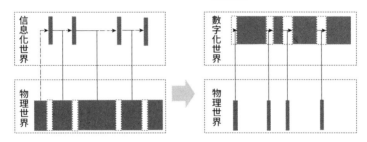

圖 3-5　從信息化到數字化 [①]

① 請參見：凱哥.《一張圖看懂信息化和數字化的本質區別》.https://cloud.tencent.com/developer/article/1576411,2020-01-17[2021-06-21].

從數字化到元宇宙

　　元宇宙更徹底，它沒有物理世界，全部是數字世界。就像《頭號玩家》的玩家們戴上 VR 頭盔的一瞬間，就會感覺如同穿越蟲洞一樣，進入另一個宇宙。所有的活動，包括生產活動，都是在數字世界中完成的。

　　物理世界中，人如同「軀殼」般的存在，只要滿足「軀殼」必需的空氣、水和營養，軀殼身在何方，處於甚麼境地，無關緊要。最極端的情況在《黑客帝國》中揭示得淋漓盡致。人成為「Matrix」的能量來源，所有人生活在密封的罐子裏，而每個人的「化身」都在 Matrix 中工作、生活、戀愛、生子，直到被 Neo 發現了真相。

理解數字孿生

　　2003 年，邁克爾・格里夫斯（Michael Grieves）教授在密歇根大學的產品全生命週期管理課程上，首次提出了「與物理產品等價的虛擬數字化表達」的概念，並給出定義：一個或一組特定裝置的數字複製品，能夠抽象表達真實裝置，並可以此為基礎進行真實條件或模擬條件下的測試。教授希望可以將所有的數據放在一起進行更高層次的分析。

　　2011 年，他在《幾乎完美：通過產品全生命週期管理驅動創新和精益產品》中引用了其合作者約翰・維克斯（John Vickers）描述概念模型的名詞 —— 數字孿生（Digital Twin），並一直沿用

至今。[1]

　　數字孿生最大的認知突破，就在於物理世界中的實體與數字世界中的孿生體相互映射、相互影響。簡單來說，數字孿生體是一起工作的。物理世界中的實體的主要功能是採集數據，並傳輸給數字世界中的孿生體。數字孿生體匯集數據，做出關聯分析，給出具體的動作指令。物理世界中的實體，接收指令，並執行相應的動作。在這個過程中，實體進一步採集數據，並將數據傳輸給孿生體。簡單來說，數字世界中的孿生體的主要功能是分析和決策，而物理世界中的實體的主要功能是接收指令並執行。用文學一點的語言來說，數字孿生體是物理實體的「靈魂」。

　　數字孿生概念產業和應用的基礎，就是數字技術的發展，讓人們可以把物理世界中各個領域，越來越精確地數字化。部分領域的精確程度，甚至達到了電影《黑客帝國》中描述的那樣。

數字孿生組織是企業數字化轉型的最終目標

　　在數字化變革的過程中，人類終極的理想目標，就是在數字世界中，建立起和物理世界中的組織（可以是一個企業、行業，甚至一個城市）相對應的一組軟件模型。並且，人類需要給這個模型輸入組織的運營數據、組織服務的各類對象的數據。這可以實現組織的運營模型在數字世界中的映射，並能夠實時更新狀態，應

---

① 　引用自《華為數據之道》7.1 節，第 172 頁。

對外界的變化，部署相應的資源，產生預期的客戶價值。這組反映組織運作的軟件模型和源源不斷的各類數據構成的整體，就是數字孿生組織。

數字孿生組織建成之日，就是數字化轉型成功之時。

對於企業而言，他們需要將企業相關的各類角色和角色之間相互作用的過程全部數字化。這些角色分為五個類別，分別是客戶、員工、合作夥伴、供應商和消費者。數字化後，企業可以形成其數字資產，綜合利用各種數字技術，完成數據採集、挖掘和分析，形成業務決策，從而為客戶創造價值。

從客戶角度而言，人們應該獲得全新的體驗。任何一項服務的提供，必須滿足五個標準：第一，Realtime（實時）。自動駕駛的服務，甚至要求響應的實時性達到毫秒的級別。第二，On-demand（按需）。這是個性化的基礎。數字時代區別於工業時代的典型特徵，不再是千人一面的工業品，而是千人千面的定製品。第三，All-online（全在線）。所有的交互都在線上完成。第四，DIY（服務自助）。用戶自助服務，企業提供用戶做任何想做的事的機會，甚至提供用戶參與各種業務開發優化過程的機會，這可以幫助自身加速業務創新，也可以提升用戶的參與感。第五，Social（社交化）。企業可以為用戶羣體提供分享經驗、使用心得、「吐槽」的社交平台，從而形成固定粉絲羣體，給用戶歸屬感，增加用戶黏度。

遊戲是可視化的數字孿生組織（DTO）

這裏的「遊戲」是指具備元宇宙特徵的遊戲，不是類似 Windows 平台上附贈的「掃雷」型遊戲。

當提出 DTO 概念的時候，苦於它過於抽象，難以對其一言盡述，因為人們很難理解從未見過的東西。當然，在現實世界中，沒有一家公司，完全符合 DTO 的特徵。提出數字孿生組織，是為了解釋傳統企業。那麼，數字化轉型的最終目標是甚麼？或者說理想化的數字化企業最終形態是甚麼？這是解決傳統企業數字化轉型應該向哪裏去的根本問題。

元宇宙給出了答案。元宇宙就是企業數字化轉型的最終形態。相比 DTO，元宇宙有一個具象化、可視化的雛形，這個雛形，就是類似《Minecraft》、 *Roblox* 這樣的遊戲。

在 DTO 中總結的「Roads」特徵——Realtime（實時）、 On-demand（按需）、All-online（全在線）、DIY（服務自助）、Social（社交化），在元宇宙中完全體現了出來。

藉助元宇宙推進數字化轉型

遊戲作為元宇宙的雛形，不但已經進入了元宇宙，在其過程中，還帶動了通信技術、雲計算、3D 建模、VR 設備、數字貨幣等技術的發展。當這些技術進一步得到應用並且使用成本進一步降低的時候，各行各業都會以此作為借鑒，依次進入元宇宙。

以 IP 為核心的數字消費是萬億級別的新興產業，包括網絡文

學、視頻製作（短視頻、長視頻）、3D 動畫等。展覽業和大型的展館也將面臨升級的挑戰。現在需要在物理的場館中，營造出超越現實的效果，把物理展館遷徙的元宇宙和元宇宙的技術應用到物理展館。博物館同展覽業有相似之處。設計行業，包括工業設計、建築設計等所有依賴人類想像力的工作，都會遷徙到元宇宙中，與客戶共同設計。在文化旅遊方面，譬如建立黃果樹瀑布的元宇宙，就比在黃果樹大興土木方便得多。關鍵是在環保的大背景下，我們不能做任何改變風景區物理環境的事情。在消費品領域，在元宇宙中出現某個品牌的消費品僅僅是開端，更重要的是形成消費的宇宙。而談到工業製造，也許工人們都戴着 AR 眼鏡上班的日子，很快就會到來。

根據《國民經濟行業分類》（GB/T 4754—2011）的產業劃分標準，來預測元宇宙內產業的發展，其發展階段主要分為五個階段：起始階段、探索階段、基礎設施大發展階段、內容大爆發階段和虛實共生階段（見圖 3-6）。在元宇宙內對每個階段的產業發展做了一個預測，到第五個階段時，元宇宙將進入繁榮期，現實社會 90% 以上的產業都會在元宇宙內發生，現實社會沒有的產業，也會在元宇宙內欣欣向榮。到那時，虛擬空間與現實社會保持高度同步和互通，交互效果接近真實。同步和擬真的虛擬世界是元宇宙構成的基礎條件，這意味着現實社會中發生的一切事件將同步發生於虛擬世界，同時用戶在虛擬的元宇宙中進行交互時能得到接近真實的反饋信息，達到虛實共生。

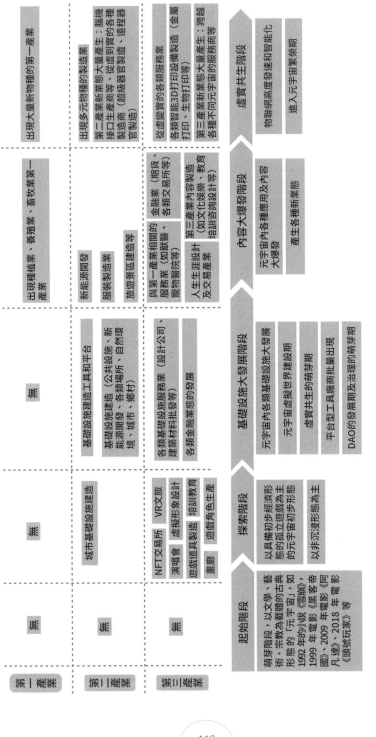

圖 3-6　元宇宙內的產業發展階段預測圖（圖片來源：中譯出版社《元宇宙通證》）

催生萬億產業集羣

除元宇宙帶動行業數字化轉型外，元宇宙本身也將演化出新的產業集羣。嚴格來說，這些都屬於內容消費產業集羣，滿足人類無限的精神需求。這些產業集羣的規模很可能超越現實世界，甚至是現實世界的數倍之大（見圖 3-7）。

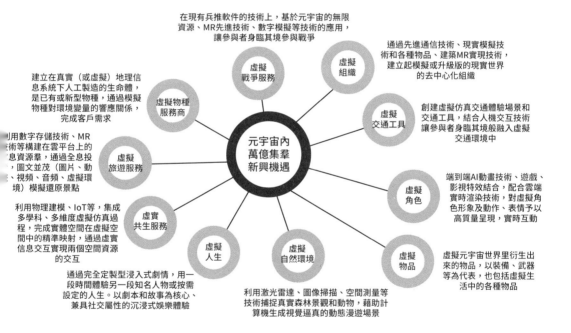

圖 3-7　元宇宙催生萬億產業集羣（資料來源：中譯出版社《元宇宙通證》）

元宇宙

阿 凡 達 沒 有 自 私 的 基 因 。

04

經濟學

傳統經濟學以實物商品為核心，元宇宙經濟學以虛擬商品為核心，數字經濟則包含實物商品的數字化過程。從這個意義上講，元宇宙經濟學是數字經濟的有機組成部分，是最活躍、最具代表性的部分。

認同決定價值而非勞動，邊際效益遞增而非遞減，邊際成本遞減而非遞增，交易成本趨於零而非居高不下，甚至都需要拋開經濟人假設。

元宇宙經濟學四大要素：數字創造、數字資產、數字市場、數字貨幣；四個統一：計劃和市場統一、生產和消費統一、監管和自由統一、行為和信用統一。

元宇宙為 DC/EP 提供了豐富的使用場景；DC/EP 可以構成元宇宙經濟行為的基礎。

電影《阿凡達》構築了一個奇幻美麗的潘多拉星球，星球孕育了高大的納威族。人類貪婪無度，覬覦潘多拉星球上的礦藏，期待它能在地球上賣個好價錢，拯救瀕臨破產的公司。納威人與潘多拉星球融為一體，住的房子是天然的大樹，床是一片片樹葉。渴了，喝花草上凝結的露珠；餓了，吃獵獲的動物。按照人類發展的歷史階段來看，納威人正處於原始社會時期。巨大的潘多拉星球物產豐富，納威人靠着打獵或者採摘，就能過上「小康」生活。

RDA —— 在潘多拉星球上「掠奪」礦產的公司，全名為「資源開發管理總署」（Resources Development Administration）。它是世界上最大的企業團體合股的財團（Consortium），也是人類在宇宙中最大的單一非政府組織，主要經營採礦、運輸、藥品、武器和通信業務。它擁有數以百萬計的股東，是歷史最悠久、規模最大的類行政實體。建立它的目的是在太陽系裏尋找並開發新的資源。最近 25 年來，其開發範圍又擴展到離地球較近的星系。RDA獲得了潘多拉星球上珍貴礦產 ——「Unobtanium」的獨家採礦權。在遙遠的潘多拉星球上，採礦的進展直接影響 RDA 公司在地球上的股價。

人類一方是高度發達的星際資本主義社會，其代表是 RDA 公司。納威族一方是自給自足的原始採集社會。兩者之間形成了強烈的反差。

影片中的主人公傑克可以藉助一套複雜的類似太空艙的設備，在人類社會和潘多拉星球之間「穿梭」，當他在人類社會清醒的

時候，他的「阿凡達化身」則在潘多拉星球原生態叢林中昏睡。當他在人類社會進入夢鄉時，「阿凡達化身」則開始活躍，在潘多拉星球上「遊蕩」。

在阿凡達身上，我們看到很多「珍貴」的品質，讓人們油然而生嚮往、愛護之心。當然，這也是導演的刻意為之。當傑克需要斑溪獸（Banshee，潘多拉星球上的一種大型飛鳥）時，他們不是去「市場」上找其他部落購買，而是自己去「抓」。

沒有哪個詞彙比「阿凡達」更能說明「化身」這個概念了，因此，本書把人類在元宇宙中的「化身」稱為「阿凡達」。這也是美國科幻小說家尼爾・斯蒂芬森在《雪崩》中首創的概念。「納威人」則是指潘多拉星球上的原始居民。

從經濟發展的角度來看，潘多拉星球是落後的，沒有市場存在，自然也沒有貨幣，但潘多拉星球豐富的動物、植物資源，讓納威人沒有饑饉之憂。這樣看來，市場有甚麼用途呢？

從需求端來講，納威人對潘多拉星球的索取極少，他們只需要住大樹、睡樹葉、喝露水。從供應端來講，潘多拉星球上的資源相較於納威人的需求而言，幾乎是無限的。在元宇宙中，資源同樣是無限的，阿凡達的生理需求幾乎全部可以得到滿足。在這種情況下，社會的經濟體系有哪些特徵呢？

元宇宙經濟是數字經濟中最活躍、最具革命性的部分

元宇宙經濟學的定義

經濟學分類本身就是一門學問，其歷史淵源、觀點脈絡、風雲人物極多。總體而言，主流的經濟學，都是研究以物質為原料的產品，是以其生產、流通、消費為核心內容的經濟學。物質產品能滿足人們吃飯、穿衣、居住、交通等生活需求。圍繞人們的生活需求和物質產品而建立起來的市場、貨幣、產權、法律等一系列的制度安排和經濟秩序，本書把它們稱為傳統經濟學。

隨着數字技術的發展，出現了越來越多的以數字為載體的產品，如遊戲、短視頻、電影等。在遊戲中，人們也可以製造僅僅在遊戲中需要的「道具」、「皮膚」等產品。以數字為載體的產品，稱為數字產品。一般而言，數字產品分為三大類：第一類數字產品是信息和娛樂產品，如紙上信息產品、產品信息、圖像圖形、音頻產品和視頻產品等。第二類數字產品是象徵、符號和概念，如航班、音樂會、體育場的訂票過程，支票、電子貨幣、信用卡等財務工具等。第三類數字產品是過程和服務，如政府服務、信件和傳真、電子消費、遠程教育和交互式服務、交互式娛樂等。

儘管同為數字產品，但其生產和消費的場景也不同，如電影、

遊戲和遊戲中的「皮膚」。電影是在物理世界中創造，在物理世界中消費。遊戲是在物理世界中創造，在數字世界中消費。[①] 而遊戲中的「皮膚」則是在數字世界中創造，在數字世界中消費。

本書把數字產品的創造、交換、消費等所有在數字世界中進行的經濟活動稱為元宇宙經濟。研究元宇宙經濟規律的學問，就是元宇宙經濟學。在一些大型的遊戲中，可以看到元宇宙經濟的雛形。

在美國非常受歡迎的一款遊戲《第二人生》(Second life)中，玩家可以創造各類虛擬商品進行出售。利用遊戲提供的道具、材料創造內容，然後在遊戲中完成銷售，這就是典型的在數字世界中發生的經濟行為，是元宇宙經濟學研究的對象。

元宇宙經濟與數字經濟的異同

數字經濟是以數據為主要生產要素的經濟活動，既包含傳統物質產品生產、流通、消費的內容，也包括數字產品的創造、交換、消費的內容。換句話說，無論是物質產品還是非物質產品，只要在生產、流通、消費的任何一個環節，利用了數字技術或者利用了數據，都屬於數字經濟的範疇。

2016 年 G20 杭州峰會發佈的《二十國集團數字經濟發展與合作倡議》對數字經濟作出了定義：以使用數字化的知識和信息作為

---

① *Roblox* 遊戲略有不同，*Roblox* 允許用戶在其平台中創造新遊戲。

關鍵生產要素、以現代信息網絡作為重要載體、以信息通信技術的有效使用作為效率提升和經濟結構優化的重要推動力的一系列經濟活動。

G20 關於數字經濟的定義被廣泛接受。傳統經濟轉型升級的目標，就是數字經濟。

就研究對象和使用範圍而言，元宇宙經濟是數字經濟的一個子集，是其最活躍、最具革命性的部分。其中蘊含的一些思想和創造的一些工具，都對數字經濟的發展具有重要的啟示。

所以，當我們談論元宇宙經濟學，事實上擺脫了傳統經濟學的一些天然限制條件，譬如有限的自然資源、複雜的保障秩序的制度、市場建立的巨大成本等。在純粹的數字世界，分析「阿凡達」的行為，設定簡單的規則，從零開始構建經濟體系。從元宇宙經濟學研究中得到的一些結論、觀點，可供傳統經濟借鑒，從而對於建立現代化的經濟體系有所助益。

元宇宙對於物理世界的影響

一件 T 恤衫是物質產品，是典型的傳統經濟的代表。《王者榮耀》中的「皮膚」是數字產品，其在遊戲中被創造，也在遊戲中被消費，如在 T 恤衫印上與遊戲關聯的文字或圖案（見圖 4-1），那麼這件 T 恤衫

圖 4-1　遊戲《王者榮耀》主題 T 恤（圖片來源：王者榮耀周邊商城）

有了甚麼新的內涵呢？

　　這是數字產品影響傳統經濟的一個案例。元宇宙經濟學，不是我們頭腦一熱編出的一個新概念。元宇宙中的人、產品通過影響人們的思想形成特定觀念，繼而真切地影響物理世界，甚至改變物理世界中人們的行為。因此元宇宙經濟學也就有了更宏大的社會意義。

　　元宇宙影響物理世界一般有如下兩個途徑。

　　首先，元宇宙影響人的思想和觀念。人類學習的過程，就是讓大腦習得知識並靈活運用的過程。這些知識是來自物理世界還是虛擬世界，並沒有區別。而且在某些場景中，人們只能在「模擬機」中學習。譬如登上「天宮二號」的中國航天員們，之前他們無法在真實的「天宮二號」中訓練。登月亦是如此，地球上沒有和月球上完全相同的環境，登月的「嫦娥」只能在模擬月球環境的模擬器中訓練。同樣，人們在遊戲中學習的經驗和技巧、獲得的知識和感悟，也可以應用於物理世界。人們在數字世界中的喜好，也可以投射到物理世界的產品上。遊戲、展覽、旅遊、設計等行業，都會受到元宇宙的影響，從而形成新的經營模式。

　　其次，元宇宙促進數字產品的有形化。手辦、玩具是特別典型的一類商品。這些商品原型都是電影、電視或遊戲中的一些人物，特別受 M 世代的歡迎。2019 年，上海第一家《火影忍者》主題餐廳開業，《火影忍者》的影迷和遊戲玩家紛紛捧場，現場人山人海。

　　毫無疑問，元宇宙作為人們生活的一部分，和物理世界有着千絲萬縷的聯繫。物理世界影響元宇宙，元宇宙影響物理世界。正因為它們互相影響，元宇宙經濟學才有了現實意義。

重新思考傳統經濟學的假設和「規律」

　　物理資源的限制，是傳統經濟學面臨的最主要的約束條件。人類的生存必須要有一定的物理資源，譬如土地、淡水等。「經濟」這個詞有「節省」的意思。物以節用，經世濟民。在物理世界中，我們吃的飯、穿的衣，都是直接或者間接來自土地的恩賜。在農業時代，土地就是最基本的生產要素。沒有土地，人們就無法生存，但是土地總是有限的，人們要利用有限的資源，滿足自己的各種慾望，的確難為了先人。人們一方面利用各式各樣的技術，提高土地的產量，提高利用的效率，另一方面形成社會習俗，倡導儉樸的美德。

　　人類在歷史上一直處於資源短缺的狀態。放眼世界，關於饑荒、戰爭、難民的新聞依然充斥螢屏。馬爾薩斯正是認識到資源有限，尤其是土地有限的現實，提出了人口理論。

　　元宇宙經濟關注在數字世界中生產的數字產品，這些產品本身不消耗除了「電」以外的任何物理資源。數字產品無非是一串「0」和「1」的排列組合。當沒有物理資源限制時，人們的行為是否還符合傳統經濟學語境中的「經濟人」假設呢？

傳統經濟學基本假設不再成立

　　亞當·斯密在《國富論》的第一篇第二章中提出：「我們獲取

的食物並非來自屠夫、釀酒師和麵包師的恩惠，而是出於他們的利己思想。我們不用向他們祈求憐憫和愛意，只需喚起他們的利己心理就行了。我們不必向他們說我們的需求，只需強調他們能夠獲得的利益。」

這段話蘊含經濟學的幾個基本的前提：資源具有稀缺性，經濟個體都是利己的，經濟個體都是理性的。

阿凡達重視體驗而非理性

經濟個體都是理性的。理性人假設也可以理解為，每一個從事經濟活動的人所採取的經濟行為，都是力圖以自己最小的經濟代價去獲得最大的經濟利益。西方經濟學家認為，在任何經濟活動中，只有這樣的人才是「合乎理性的人」；否則，就是非理性的。放到極端情況下思考，「理性」莫過於趨利避害的生存本能。就像火苗燒到手時，我們會立刻縮手一樣。生存理性，是經濟理性的基礎，但這一條，在元宇宙中，同樣被打破了。

元宇宙中，時間同樣是無限的。人們在元宇宙中的化身「阿凡達」，生命同樣是無限的。生存或者死亡，無非是一局遊戲的開始或結束。阿凡達在高山之巔的奮力一躍，最壞的結果不過是退出遊戲，重來一次。

近來，在歐美年輕人中頗為流行的 YOLO 文化 —— You Only Live Once，寓意是人應該享受人生，即使需要承擔風險；也就是鼓勵人們不怕冒險，想做甚麼就做甚麼，享受人生，因為人只能活一次，所以不要顧慮太多，思考太多。阿凡達卻是生命永恆，可以

體驗不同的、多段的人生。

掙脫理性的束縛是許許多多人內心的真實訴求。「老夫聊發少年狂，左牽黃，右擎蒼，錦帽貂裘，千騎卷平岡」，這是放縱田獵的快樂。「大鵬一日同風起，扶搖直上九萬里」，這是擺脫俗務、逍遙九天的快樂。

在元宇宙中，你可以利用無限的資源、無盡的時間去創造和體驗，最壞的情況不過就是從頭再來。「心若在夢就在，天地之間還有真愛，看成敗人生豪邁，只不過是從頭再來」，就是元宇宙的真實寫照。

阿凡達沒有利己的基因

阿凡達擺脫了生老病死的生理問題，是人們在精神世界的化身。M 世代從來沒有過糧食、物資「匱乏」的經歷。在一些團隊完成的任務中，遊戲中每一個角色都需要盡心盡力，相互補位、相互救援、團結一心去戰勝對手。

精神層次的需求，來自對勝利的渴望，來自隊友的合作，來自快樂的分享。阿凡達天然是要追求馬斯洛需求模型中的最頂端的需求，也就是自我實現甚至超越自我的需求。而自我實現的精神愉悅就來自創造和分享，來自超越束縛、拋掉理性。每一個阿凡達都代表了人們某一層面的精神需求。他們來到元宇宙並且沉浸於此，只是為了體驗不一樣的人生。

在潘多拉星球上，人類的殖民者們，掌握着高度發達的技術，也給人以貪婪、殘暴的印象。為了攫取礦產，人類不惜摧毀了納

威人的家園。而阿凡達們則一直信仰每個物種都是通靈的。事實上也的確如此，潘多拉星球上的動物都有一根長長的辮子，大樹有着銀白色的長鬚，就像神經元的神經末梢一樣。當這些末梢連接在一起，他們可以不用語言交流而實現直接的溝通。潘多拉星球生物的特點，給萬物普遍聯繫的哲學認知做了形象化、可視化的注腳。因此，他們更注重生命與環境的和諧，強調團結、合作、分享、體驗，而非博弈和過度索取。

這一點和元宇宙居民的價值觀是相同的。當擺脫了生理需求誘惑，在精神世界翱翔的時候，阿凡達或許就是以創造為榮，以分享為樂，體驗重於結果。分享取代自私，利他取代利我，成為元宇宙共同的價值選擇。

重新思考幾個規律

在數字世界中消費數字世界原生的數字產品，是傳統經濟學家們沒有遇到的新現象。在物理世界中，已經建立的基本經濟概念和認識會在數字世界中面臨顛覆。

認同決定價值

在馬克思的思想體系中，認為商品的價值是一種凝結在商品中的無差別的人類勞動。以勞動創造價值為基礎，進一步推導出剩餘價值理論，揭示出資本方總是傾向於追求剩餘價值，壓榨工人的勞動。

勞動決定價值理論是傳統經濟學的支柱。無論商品價格怎

麼變化，商品中無差別的一般性的人類勞動，就是價格變化的核心點。

數字世界中的數字商品，與勞動沒有正比例線性關係。其實數字商品和奢侈品有點類似。就儲物功能而言，LV 的包和其他品牌的包，並無本質差別，即使所謂的高仿包，他們的差別可能只是 Logo 有細微的不同，但是正品 LV 包的價格比高仿的包貴十倍，甚至百倍。

支持人們消費奢侈品的，正是「認同的力量」。LV 成為特定階層、某種品位的象徵。LV 品牌代表着一種生活，這種生活狀態，可能不是其他品牌可以達到的。這已經遠遠超出了 LV 包本身的儲物功能，而是帶給消費者精神層面的滿足。

滿足精神層面的產品，往往不會遵循勞動決定價值的理論。在物理世界中，這樣的例子比比皆是。比如繪畫，儘管普通人難以分辨張大千的真跡，但不妨礙大家高價收藏張大千的真跡。如果是臨摹的作品，其價格就會一落千丈。原作和臨摹所花費的勞動時間是相差無幾的，並且在成本上也不相上下，但是在價格上，卻天差地別。其中的差別，就是人們認同張大千。即便臨摹的作品在細節上甚至有勝出的地方，也不會比原作更值錢。

從總體情況來看，物理世界中，像藝術品這樣違反勞動創造價值理論的商品，僅僅佔社會總商品極小的一部分，勞動創造價值總體上是成立的。在元宇宙中，所有的商品都具有藝術品特徵。

在遊戲 *Roblox* 中，就藝術性而言，創作難以有質的差別。創作的原料都是分辨率比較低的「像素」，因此所有的物品看起來都是方頭方腦的。物理世界圓滾滾的腦袋，在 *Roblox*、《Minecraft》等遊戲中，都變成了有稜有角的方塊。用這些「原料」製造的商品，

依然有人追捧。這些商品，在人們看來一文不值，但玩家們卻趨之若鶩。

偶像與粉絲之間的關係，也顛覆了勞動創造價值。在網絡上，不同明星的粉絲之間經常出現互相攻擊的現象，引起了廣泛的關注。在粉絲的心目中，明星的價值不能用錢來衡量。這不僅是粉絲對於明星本人的認同，在某種意義上，粉絲在追星的過程中，也形成了社會性的自我認同。這種認同，轉化成了商品的價值。在跟明星相關的商品中，至少其代言的商品，幾乎沒有凝結他們的無差別勞動，但是凝結了粉絲的自我認同。

在數字世界中還有一類商品不得不提，就是人工智能創作的商品。人工智能的工作效率是人類的成千上萬倍。如果按照勞動決定價值理論，這些商品應該以極低價格出售，然而這並不妨礙某些人出高價收購。

邊際效益遞增

在物理世界中，商品的邊際效益往往是遞減的。同類的一些商品，隨着數量的增加，單位商品對人們的效益就會越來越低，而在元宇宙中，這條法則也被打破了。在遊戲中，玩家越多越有趣，遊戲時間越長，獲得的激勵和快感越多。每天登錄，還有獎勵。換句話說，這就是「沉迷」——長時間迷戀同一個東西。如果滿足邊際效益遞減的法則，就不會有沉迷這回事兒。

元宇宙構成要素之一，是社交網絡系統。在社交網絡中，存在明顯的網絡效應，用的人越多，網絡效應越顯著。比如大家都使用微信，在微信上交流、溝通。現在，想要脫離微信幾乎是不可能的。大家就像一個簍子裏裝的螃蟹，任何一個想離開簍子的

螃蟹，都會被其他螃蟹拽回來。如果我們想和朋友們自由地交流，那就會被朋友「拽」進微信。

邊際成本遞減

在物理世界中。生產成本包括原材料成本、生產線成本、工人成本、倉儲成本等。商品的成本曲線呈「U」形 —— 生產時，隨着產量的提升，邊際成本越來越低；但當生產線飽和，再去增加產量，就會面臨生產成本大幅上升的局面。

2009 年，美國關閉了 F22 戰機的生產線，這條生產線共生產了 187 架戰機。這是當時最先進的第 5 代戰機。關閉生產線的一個重要原因，就是其他大國短期內很難生產出類似的產品。當生產線關閉後，如果再想生產 F22 戰機，生產成本就會增加，包括培訓工人、重新採購原材料的費用等。

在數字世界中，根本沒有這些令人頭疼的問題。沒有原材料的採購，所有「產品」的原材料都是二進制的「0」「1」代碼。沒有生產線，沒有工人，沒有倉儲，沒有物流，隨時可以暫停生產，也隨時可以重新投產。產品一旦被創造出來，永遠有效、不會磨損、不需折舊，再生產的成本幾乎為零。邊際成本遞增的法則在元宇宙中也被打破了。

關注市場創立成本

市場是經濟學的核心。商品用於交換才能產生價格。有了價格，人們才能獲得組織生產的信號。市場的規模越大，分工就會越細，技術得以飛速進步，社會總財富積累越多，市場的規模越大。這一條法則無論在傳統的經濟學還是元宇宙中都是成立的。

在物理世界中，創建一個市場的成本是非常高的。而且市場創建的成本，往往被經濟學家忽略。幾乎所有的經濟學家談論的都是市場創建以後的事情，對如何建立市場則諱莫如深。就極端自由主義者而言，他們信奉小政府、大市場的理論，但是市場創建本身巨大的成本，給了政府介入的理由。在物理世界中，創建市場首先需要良好的社會秩序，確保違反市場規則的行為會受到處罰。創建市場還需要修建四通八達的「道路」，「道路」的終點就是市場的邊界。因此，大統一的市場需要大規模的基礎設施。這些都需要巨額的資金。

那些致力於在市場規模建設、削減交易成本、豐富市場種類等方面不斷開拓的國家，才是代表未來的國家。

在數字世界中，市場也是如此，不同的是，在數字世界創建市場，要比在物理世界創建市場容易得多，成本低得多。像淘寶、京東類的電子商務市場，交易的是物理世界的商品。蘋果、華為、小米手機上的應用程序商店，交易的是創造數字內容的工具。《王者榮耀》、*Roblox* 中的玩家商城，交易的是純粹的數字產品── 皮膚、道具、玩家自己創造的小遊戲，等等。這些市場的規則，都是人們通過軟件代碼制定的。違反市場規則的交易，要麼不可能通過，要麼就被市場清退。

在數字世界中建立市場的成本遠遠低於物理世界。理論上，數字世界中將會產生豐富多彩的新型市場，從而起到繁榮經濟的作用。

加密數字資產市場，就是數字世界市場典型的例子，其代表是比特幣、以太坊。這些市場與電商、應用商店和遊戲玩家市場的區別體現在市場規則的制定權和修改權上。在以區塊鏈技術為基礎的加密數字資產市場中，規則一旦發佈，任何人、任何組織

都沒有權利修改，除非「自治社區」絕大部分的人都同意修改，這就實現了「去中心化」的治理模式。而非區塊鏈技術支持的數字市場，市場規則是追求商業化利益的公司決定的，它們可以隨時修改規則，從而成為市場的支配力量。

以區塊鏈為基礎的數字市場是元宇宙經濟的基石。在後續章節中，還會出現相關話題。在本部分中，大家只要了解市場建立需要成本，維持運營同樣需要成本。對此，物理世界和數字世界分別給出了不同的方案。而在數字世界中，建立市場和維持運營的成本都大大降低了。

交易成本趨零

交易成本區別於市場的運營成本。市場運營成本是為了維護市場的有序、有效運作，必須支付人工、租金、監管、治理等剛性支出。交易成本是買賣雙方在達成交易的過程中所支付的費用。在淘寶中購物，交易成本不是商品的價格，而是在購買商品的過程中必須支付的費用。快遞費可以歸入交易成本的範疇，還有上網流量費等費用。

關於交易成本的一個基礎觀點是，交易成本越低，市場就會越繁榮，市場的邊界就越大。很明顯，如果快遞費比商品的價格還高，恐怕沒有人會在網上買東西。

在物理世界中，交易成本有很多種類，有些種類並不是靠代碼規定的交易規則就能涵蓋的。其突出表現是在企業（2B）市場中簽合同所需的費用，很可能佔合同金額的 10%—20%，甚至更高。而在數字世界的數字市場中，幾乎沒有交易費用。在《王者榮耀》買一款新皮膚，不需要物流費，甚至沒有流量費。

在以太坊中，大家進行的任何交易都會支付一筆 GAS（燃料費），就算交易最終失敗，也必須承擔 GAS 費用。嚴格地說，GAS 不是交易的成本，而是以太坊這個數字市場的整體運營費用在每筆交易中的折現。

認同決定價值，而非無差別勞動；數字世界的生產邊際效益遞增，而非物理世界的生產邊際效益遞減；數字世界的生產邊際成本遞減，而非物理世界的生產邊際成本遞增；數字世界還包括大幅降低的市場建設成本和幾乎為零的交易成本。上述幾點，都撼動了傳統經濟學的理論支柱。

黃江南、朱嘉明大力倡導觀念經濟學，並對傳統經濟學發出了振聾發聵的批判。黃江南在 2014 年的網易經濟學家年會夏季論壇上，就大聲疾呼：「觀念經濟學在觀念生產領域把以往的傳統經濟學所有的基石性的理論都推翻了。傳統經濟學，我們現在所學的經濟學，只能適應早期的工業化，連現代的工業化都不能適應，因此我們要建立新的觀念體系、概念體系……」元宇宙經濟學和觀念經濟學有許多相同之處，甚至可以說元宇宙經濟是更純粹意義上的觀念經濟。

元宇宙經濟的四個要素

人們在元宇宙中，擺脫了物理世界的一些「俗務」，不用吃飯應酬，不會生病，也不會永久地死去（除非永遠離開元宇宙）；主要的活動就是體驗、創造、交流和交換。在新冠肺炎疫情期間，「阿

凡達」們尤其如此。

在某個遊戲中，阿凡達們在早晨七八點相繼醒來，陸陸續續地來到元宇宙，隨處逛逛、聊天，話題幾乎無所不包。儘管在元宇宙中不能烹飪，但並不妨礙阿凡達們聊聊美食，甚至聚攏到元宇宙的餐廳打卡。奇怪的是，他們雖然沒有辦法在餐廳吃飯，但就是要去打個卡，這是仍擺脫不了物理世界生活習慣的體現。在遊戲 *Roblox* 中有一個景點，爬上高塔，可以看到美麗的日落。很多阿凡達喜歡爬上來靜靜地坐着，看日落，自拍。這就是體驗。當然，在元宇宙中也會發生交易行為。有些阿凡達心靈手巧，製作出美麗的衣服，其他阿凡達喜歡的話就可以購買。一天就這樣過去了，直到半夜還有許多阿凡達在元宇宙中四處遊蕩。

Epic 公司的 CEO 蒂姆‧斯威尼（Tim Sweeney）在接受關於元宇宙經濟的訪談時說：「我們不僅要建立一個 3D 平台，建立技術標準，還要建立一個公平的經濟體系，所有創作者都能參與這個經濟體系，賺到錢，獲得回報。這個體系必須制定規則，確保消費者得到公平對待，避免出現大規模的作弊、欺詐或詐騙，也要確保公司能夠在這個平台上自由發佈內容並從中獲利。」

從蒂姆‧斯威尼的發言來看，要支持阿凡達在元宇宙的生活，必須要有幾個基本要素。第一個是數字創造，創造出阿凡達需要的產品。第二個是數字資產。阿凡達創造的產品如果進行銷售，必須解決產權歸屬的問題，必須要能標記是誰創造的，而且還得避免數字產品可以被無限複製的難題。第三個是數字市場，它代表着數字世界交易的場所和大家必須遵循的規則。第四個是數字貨幣。買東西總要付費。交易虛擬的數字產品，用法幣來支付有很多困難，因此元宇宙需要數字貨幣。數字創造、數字資產、

數字市場、數字貨幣，支撐了整個元宇宙的經濟體系，由此滿足了「阿凡達」們的數字消費。

數字創造

元宇宙經濟同樣存在供需兩端。需求端需要滿足阿凡達的體驗和精神層面的需求，精神需求是多層次、多維度的，是豐富多彩的。這就需要供應端提供多種多樣的數字產品，張開夢想的翅膀、突破想像的極限，才能滿足「阿凡達」們的無止境的精神需求。數字創造者和數字消費者足夠多，元宇宙才能運轉和繁榮。

數字創造是元宇宙經濟的開端，沒有創造，就沒有可供交易的商品。在物理世界，人們「創造」的都是實物或者服務。我們會用「產品」對其進行描述，當其進入市場進行流通時，就會被稱為「商品」。而在元宇宙中，人們進行的是「數字創造」，創造的是「數字產品」。物質都是數字化的，是一些數據的集合。我們在遊戲裏可以建造樓房、創造城市，我們在短視頻 App 中、在各種平台上可以發佈拍攝和製作的短視頻，通過微信公眾號可以發佈各式各樣的圖文。這些其實都是我們的數字化產品。這種數字創造的過程是客觀存在的，是元宇宙經濟的第一個要素。

元宇宙是否繁榮，第一個重要的指標就是數字創造者的數量和活躍度。元宇宙的締造者們，需要提供越來越簡便的創作工具，降低用戶的創作門檻。

抖音短視頻平台成為 4G 時代的霸主之一，其中一個很重要的原因就是它降低了短視頻創作的門檻。在微信發圖文，至少不能是

文盲，但是發一個短視頻，沒有受過任何教育的小孩子都能做到。抖音的用戶基數理論上比微信的還要多。

Roblox 更進一步大幅地降低了用戶創作遊戲的門檻。*Roblox* 的遊戲開發引擎，把 3D 遊戲的開發簡化到只需要通過鼠標拖拽就能完成。

對於元宇宙的締造者而言，提供簡單易用的創造工具是一門必修課，而且是必須修好的課。誰在這個領域做到頂級水平，誰就有可能成為一個新的元宇宙的締造者。

數字資產

資產隱含產權屬性，並且是交易的前提。《王者榮耀》中的「皮膚」，大家都知道其產權屬於騰訊，如果喜歡想得到，就得付錢。玩家購買的「皮膚」屬於玩家的私人裝備，不可以轉讓，但是擁有這個皮膚的遊戲賬號可以轉讓，可以出售獲利。這樣一來，「皮膚」就具備了資產屬性。在淘寶、閒魚等電子商務平台上，用戶可以輕鬆搜索到出售遊戲賬號的玩家。

顯然，「皮膚」是在遊戲中創造的，也只能在遊戲中進行購買。這些虛擬商品不能脫離遊戲平台存在，換句話說，就是不同平台的虛擬產品沒有通用性，不能構成嚴格意義上的數字資產。這也就限制了跨平台、跨遊戲的數字資產的流通。

在 *Roblox* 提供了遊戲開發平台後，玩家可以自己開發遊戲，在遊戲中創造出各式各樣的數字產品。這些數字產品，只要在 *Roblox* 的平台上，就可以跨遊戲使用。這是一個相當大的突破。

Roblox 公司上市不久，市值就突破了 400 億美元，足見資本市場對於 Roblox 數字資產跨平台流通模式的追捧。

如果想把 *Roblox* 平台上玩家購買的數字產品（虛擬物品）拿到其他遊戲中使用，目前是做不到的。其他遊戲的平台和 *Roblox* 平台沒有打通。這就限制了數字資產的流通。

無論是其他遊戲中的皮膚，還是 *Roblox* 中用戶創造的建築，都還不是嚴格意義上的數字資產。數字資產的形成，還需要一個低層的平台，在資產層面提供嚴格的版權保護和跨平台的流通機制。這樣一來，真正的元宇宙經濟才會形成。

會不會出現一個更低層的平台，來提供不同遊戲之間虛擬物品的交換和使用呢？這個問題，我們將在第六章「搶佔超大陸」中繼續探討。毫無疑問，基於區塊鏈技術的平台，提供了可選的方案。區塊鏈提供了數據拷貝受限的解決方案，綜合利用加密算法、簽名算法、共識機制等，確保數據每一次拷貝都被登記在冊，確保數據不被非法篡改、拷貝，從而奠定了數據成為資產的技術基礎。

數字資產的生產方式和確權

我們進一步討論數字產品的生產方式，其可以分為 PGC（Professionally Generated Content，即專業原創內容）、UGC（User Generated Content，即用戶原創內容），隨着 AI 技術的成熟，還將出現 AIGC（AI Generated Content，即人工智能原創內容）。這裏重點討論 PGC 和 UGC。

對於 PGC，我們依然可以用遊戲中的「皮膚」舉例：在遊戲中，開發者人為設定商業規則，使得玩家對「皮膚」的使用受到特定的限制。「皮膚」只能在遊戲中針對玩家某個賬號下的特定角色

進行使用，在其他場合則無法使用。這是遊戲平台為了獲取利潤而設計的一種中心化的機制。平台對這裏的數字產品具有決定權，買家無法通過擁有更多數量的產品而打亂遊戲開發者建立起的市場，因為在遊戲中，「皮膚」被人為設置了購買數量和機制，而這一切都依賴於騰訊的編碼程序。也就是說，PGC 作為數字資產，往往是通過人為設置稀缺性來保證其價值的穩定性的。

UGC 是用戶創造的資產，這種形式的數字資產在元宇宙中也很常見。例如，用戶在遊戲中為自己創造的、非購買自官方的家園、新武器等。理論上，這些資產也可以進入市場進行交易流通。這時，我們之前提出的問題就會產生 —— 一旦這些資產被其他用戶無限複製，那麼它的價值就會陷入不穩定的波動。在這種情況下，就需要創建一個針對 UGC 的確權機制，把人們在數字世界裏面創造的產品變成一個受保護的資產。在現實世界中，人們確權的方式往往是通過登記，如房主可以對房屋進行登記。如果產生交易行為，也需要對這個行為進行登記，明確房屋的所有權原本屬於哪方，轉移給了哪方，如此完成資產的交易。換句話說，在現實世界中的很多情況下，「證件」就是確權的標誌。

值得注意的是，這樣的證件往往具有一種權威性，只有由人們普遍信任的、不會質疑其公正與權威性的機構進行確權，才能避免確權發生混亂局面。很多情況下，這類機構都隸屬一個國家的中央政府。而在元宇宙的數字世界中，沒有中央政府的概念。元宇宙是一個開放的、公平的、完全自治的世界，在這樣的世界中，人們對數字資產的確權和區塊鏈提供的一套價值體系、區塊鏈的加密體系是密不可分的。通過加密，可以把數據資產化，人們可以通過共識機制對交易進行驗證和確認，為交易行為留下不

可被篡改的記錄。這一套完整的機制，能夠幫助元宇宙的參與者完成對數字產品的確權，建立數字資產。數字創造和數字資產，是數字市場交易的前提，數字資產是數字市場進行交換的內容，如果資產不存在，市場也就不存在了。

數字市場

　　數字市場是整個數字經濟的核心，也是元宇宙得以繁榮的基礎設施。建立數字市場的最終目的，是繁榮整個元宇宙。有了數字市場，元宇宙的阿凡達，就有了盈利的可能。讓利於阿凡達，讓阿凡達在體驗之餘還能獲得經濟上的收入，是元宇宙成長的奧秘。

　　數字經濟的蓬勃發展，帶來了幾種類型的市場擴張：第一種是進行實物交換的電商市場，如阿里巴巴、京東這一類，它們是最為我們所熟知的。第二種市場，交換的是創造內容的工具，如手機上的應用商店。在這個市場中，沒有數字內容的交換，只有具備特殊性的、能夠創造數字內容的虛擬數字商品，也就是各種 App 的交換。而第三種市場中發生的交換，就純粹是數字內容的交換了。例如，給某段視頻或圖文材料進行「打賞」，在遊戲中「購入」一棟大樓、一個城鎮、一輛汽車或一套「皮膚」等。

　　在元宇宙中，我們着重談的是第三種，即交換純粹的數字產品的數字市場。這一類數字市場的雛形已經形成。例如，玩家可以在一些網站售賣自己購買的「皮膚」和自己「養起來」的遊戲賬號等。但是，這種市場還不完全是我們所要討論的數字市場，因為這樣的交易並不是在元宇宙內部完成的。它們依賴外部的市場，

與在遊戲內部直接建立的市場進行的交易有一定區別。成熟的元宇宙的數字市場，其中交易的產品，其創造過程和實際交易都應該是在元宇宙中完成的。

假定《王者榮耀》有一億名玩家，新「皮膚」發售的總銷量不會超過玩家的數量。為了獲得更大收益，「皮膚」被有計劃地劃分成不同的等級。最低等級的，所有玩家都可以買到，價格便宜，供應充足。等級稍高的，價格也更貴一些，但是供應依然充足。等級更高的，除了價格昂貴之外，也不一定能買得到，限量供應。「限量供應」這四個字是元宇宙經濟的核心問題。在後面會着重分析限量供應背後的原理。

玩家購買「皮膚」的原因大致有二：首先，滿足其內心的精神需求；其次，喜歡不同的遊戲體驗及在社交網絡獲得引人注目的滿足感。

同樣，Roblox 也設定了市場機制，玩家可以把自己製造的建築、衣服等道具出售。不同的是《王者榮耀》是出售官方製作的「皮膚」，而 Roblox 內部的市場，交易的是玩家創造的產品。

數字貨幣

銀行一般被認為是現代社會的標誌，是資本主義社會區別於封建社會的要素，是人類社會進入工業時代以來，經營理念、技術進步、社會制度全面變革的產物。

我們目前處在工業時代向數字時代過渡的歷史進程中，脫胎於工業時代的銀行，如何才能跟上歷史的步伐呢？其核心在於，

銀行體系要能促進而不是阻礙數字貨幣的發展。

在工業時代，人類社會完成了實物貨幣（黃金、白銀等貴金屬貨幣）向法幣的轉換。數字時代，人類社會必將完成從法幣向數字貨幣的轉換。元宇宙經濟，則是全面應用數字貨幣的試驗田。在元宇宙中，沒有給法幣留下空間，主要原因在於法幣體系成本高昂，已經無法滿足元宇宙經濟發展的需求了。元宇宙經濟的核心問題，就是數字貨幣的應用問題。

在《王者榮耀》遊戲中，大家充值可以獲得「點券」，點券可用於購買「皮膚」等各種道具；在《摩爾莊園》遊戲中，充值可以獲得「摩爾幣」；在 *Roblox* 中，充值可以獲得 Robux。遊戲中代幣名稱五花八門。大家一定要充值嗎？為甚麼不能直接花「人民幣」或者「美元」這樣的法定貨幣呢？

在物理世界中，每一筆交易，只要不是現金交易，就一定有銀行參與其中，否則交易無法完成。根據是不是現金交易，可以把交易分成兩種類型：現金交易和非現金交易。大家在日常生活中，小額交易多采用現金交易。體現為一手交錢、一手交貨，錢貨兩清，交易完成。而商業行為中，一般採用非現金交易。非現金交易類型很多，如通過信用卡、匯票、電子轉賬、支票等。只要是非現金交易，就離不開銀行。如果日常生活中的小額支付使用微信或者支付寶這樣的第三方支付工具，銀行就又隱居幕後了。可以說，物理世界中所有與支付相關的行為，都離不開銀行的參與。因此，以銀行為核心的金融體系是現代社會的重要標誌。

但是在遊戲中虛擬商品的交易，如果銀行介入的話，成本太高、效率太低，無法滿足玩家的需求。

物理世界中，每一筆交易（非現金交易），只是賬目記錄清

楚，並沒有發生貨幣的轉移。這和一手交錢一手交貨的現金交易不同。也就是說賬、款是分離的。物理世界的交易雙方都必須在銀行開立賬戶，所謂交易，不過是銀行從買方賬戶上記錄一筆支出，從賣方賬戶上記錄一筆收入，「錢」依然躺在「銀行」的金庫中。如果買方、賣方不在同一個銀行開戶，流程就會更複雜，涉及兩個銀行之間的清分和結算。所謂清分就是軋差賬目，A 行要付給 B 行兩億元，B 行要付給 A 行一億元，二者相抵則 A 行付給 B 行一億元。結算就是根據軋賬結果，如數把錢付給對方。更複雜的就是跨國交易，買方、賣方不在一個國家，這就涉及跨國的清分和結算。清算是需要成本的，跨國清算每筆大約需要萬分之一的費用，而且還要幾天才能到賬。

在遊戲中，有些玩家根本沒有銀行賬戶，兒童玩家多是用父母的賬戶充值。充值後，可以擺脫銀行賬戶的限制，自由地購買遊戲的道具。即便有銀行賬戶，目前的會計、發票等體系，也無法支持遊戲中虛擬道具購買這樣的行為。總而言之，銀行賬戶體系、會計體系、清分結算體系、金融監管體系都是為了應對物理世界中真實商品的交易，對於元宇宙這個新生世界，愛莫能助。

因此，大大小小的遊戲，都開發了自己的充值功能，建立了自己的經濟系統。

Roblox 的突破

遊戲玩家可能已經注意到，儘管大多數的遊戲都支持法幣充值，兌換成遊戲幣，但是幾乎沒有遊戲支持把遊戲幣再換成法幣

的。一旦遊戲幣和法幣雙向兌換，事實上就形成了兩個獨立的經濟體，兩個經濟體之間，以「匯率」的方式建立貨幣之間的關係。

國家發行法幣，其背後有一套非常複雜的模型，綜合考慮經濟發展、國際貿易、大宗原料價格、居民消費水平等一系列因素，才能決定發行多少貨幣。這就是經濟學家常常爭論的貨幣何以為「錨」。

在遊戲中發行遊戲幣，並沒有成熟的規定或者管理辦法。如果遊戲幣與法幣雙向兌換，誰來負責維護遊戲幣和法幣的匯率？如果遊戲公司經營不善，捲款潛逃，那又該如何是好？在中國這樣的大國，要實現遊戲幣和法幣的雙向兌換，不僅有技術問題，還包括經濟問題，甚至會引發政治問題。

Roblox 開放了其貨幣 Robux 與美元的雙向兌換，這無疑是影響巨大的示範。面對這樣的新生事物，如何看待，如何應對，不僅是遊戲產業自身的發展問題，而且關係到數字經濟發展的問題和構建現代化經濟體系的問題。

元宇宙經濟的四個特徵

元宇宙的數字市場具有「整體性」的特點，是結合艾哈德提出的「向社會負責的社會市場經濟」，在自由原則、社會平衡下，每個人具備對整個社會的道德層面的負責精神；其符合中國傳統哲學思想的「整體觀」，即站在事物整體狀況及其特性的視角，將國家、政府等多方的作用考慮進去，從全局角度分析數字市場特色、

解決傳統市場問題。

　　我們在物理世界中討論這些問題，無疑會受到現實條件的制約，特別容易舉出各種反例；一些革命性的思想萌芽，就被扼殺在搖籃之中了。元宇宙屏蔽了現實世界中一些無關緊要的現實問題，創造了自由思想的舞台。當我們討論元宇宙經濟的特徵時，其實也反映了理想數字經濟的特徵。

　　在重新思考傳統經濟學的假設和「規律」中，我們指出元宇宙經濟提出的「認同決定價值」，取代了「勞動決定價值」的理論；認為邊際效益遞增，打破了邊際效益遞減的規律；認為邊際成本遞減，顛覆了邊際成本遞增的規律；注重市場設立的成本，從而把經濟學家從畫地為牢的思考，拉回到以社會為整體的思考框架中。這些都很容易在元宇宙經濟中找到普遍的例證。

計劃與市場的統一

數字市場是「計劃」出來的

　　「數字市場是計劃出來的」，這句話估計會讓新自由主義經濟學家大跌眼鏡，也會讓新制度學派瞠目結舌。絕大多數的經濟學家，只關心市場創立以後的發展如何，鮮有人思考市場到底是怎麼產生的。

　　在元宇宙中，生產資料只有數字，而數字是無限的。無限的資源是無法形成市場的，但是，以《王者榮耀》為例，「皮膚」這個虛擬物品持續熱賣，又如何解釋呢？答案就是人為設計的「稀缺性」。數字是無限的，用數字為原料製作的「皮膚」在理論上也可

以無限複製，而不會增加任何成本。形成數字市場的秘訣就在於「限量供應」四個字。

特別熱門的「皮膚」，往往會被限定每天最高發售量，或者發售總量。《王者榮耀》有一億名玩家，以「西施」為名的「皮膚」假定限量一萬套，這就人為地創造出「供應不足」的賣方市場。限量到底是一萬套還是一百萬套，就要分析玩家的各種數據來決定。

元宇宙中，數據是豐富的，玩家是透明的。海量的數據加上精妙的算法，可以計算出一個最佳的上限，甚至可以計算出一個最合適的價格。假如，定價999元，被價格屏蔽的玩家只好望「皮膚」而興歎。遊戲中的道具市場，就是精確計算的市場。

在這個市場中，數據絕對充分，但信息並不透明。玩家並不知道皮膚總量有多少。當玩家可以掌握絕對充分的數據時，市場就變成了計劃性的市場。

在物理世界，碳排放權交易市場就是明顯計劃性的市場。如果沒有碳排放權總量的限制，就不會出現碳排放權的交易。

數字市場的特徵之一，就是商品的總量控制受到計劃的影響，而資源配置、自由競爭由市場機制完成。

計劃與市場結合是中國的成功經驗

中國的經濟發展在過去40多年取得了令人震撼的成果，無論是國家能力（計劃），還是市場能力（市場）都取得了長足的發展。傳統市場中的很多問題是政府與市場、政府與社會治理邊界的割裂造成的，導致計劃存在片面性，市場也時常存在無效性。要使市場在資源配置中起決定性作用和更好地發揮政府作用，還需要將市場與政府計劃融合起來。

從中華人民共和國成立之初的第一個五年計劃，到現在的第十四個五年規劃，這是中國經濟整體性、計劃性的表現。各類要素市場的發育完善，是中國經濟市場化、靈活性的體現。中國正是長期堅持計劃與市場的統一、協同，才有了今天的建設成果。

打着新自由主義旗號的一些經濟學家，讓政府和市場站在對立面，把有形的手和無形的手放在一起，讓計劃經濟和市場經濟交互作用。這都是二元論、機械論的世界觀，沒有看到這些概念之間對立、統一的內在完整性。

在他們對立的世界觀中，人為高效的市場和有為的政府是矛盾的，水火不容的，但是恰恰在數字市場中，兩者是高度統一的。

數字市場中計劃和市場的統一性

通過數字技術賦能建設高質量的數字市場體系，既可以完善市場競爭的基礎地位，又可以充分體現政府計劃的重要性，是二者的有機統一。最終，生產要素市場的總量控制受政府宏觀調控的影響，而數字市場中的資源配置、自由競爭要由市場完成。

首先，基於要素市場總量的調控是計劃的機制。數字市場中包含了傳統市場中廣泛存在的要素市場，其中關於土地和人口的數據更翔實，可用土地總量自中華人民共和國成立之日就固定了，人口數量相對恆定，沒有多少彈性空間。因此，對稀缺要素需要進行科學的調配，數字市場中數字技術的賦能就是進行計劃調控的有效途徑。這部分權力事實上也應該掌握在政府手中，數字市場經濟基礎設施透明、實時、完整反映的信息，能夠反映出要素市場狀況、整個社會經濟的狀況，為政府的計劃提供了實時、科學的原材料，能夠最大限度地實現真實世界映射的「保真」。因此，

政府可以基於此制定決策，進行宏觀的計劃調控，提高決策的科學合理性，有節奏地釋放和回收各類要素，如土地市場的供給、數字資產的確權使用等。最終目的是實現推進國家治理體系與治理能力現代化對要素市場建設的要求，實現要素價格市場決定、流動在政府的宏觀調控下自主有序，最終實現配置高效公平。

其次，資源配置通過市場的機制實現。從主體來看，每家企業獲取訂單、採購原材料、組織生產的環節都完全地利用了市場機制。這些信息能夠在數字市場中完整地呈現，能夠打破傳統市場由於封閉性導致的信息不完全現象。滿足完全市場的基本假設，讓市場有效性大幅上升，讓資源配置水平接近理想狀態。更進一步，在某些特定的行業中，市場機制甚至成為一種新型的組織方式。

在上述兩種機制的作用下，數字市場中的組織與市場，甚至政府這類特殊的組織與市場的邊界變得模糊。政府不僅可以被看作數字市場中通過計劃控制要素總量的機構，也可以被看作帶有計劃的組織組成市場的一部分。政府一方面保障了市場的有效性，另一方面參與了市場交易的全過程。因此，政府的計劃自然而然地融入了數字市場的市場機制，這一特點完美地結合了市場與計劃，實現了二者的統一。

在數字市場中，兩者的協同將兩隻手合二為一，計劃的手段和市場的手段完美地統一在一起，相互影響、相互促進、相互制約。計劃和市場不再是傳統經濟學中兩個水火不容的對立的手段，而是體現出了計劃越科學、市場干預就越有效的特點。數字市場中看不見的手與看得見的手相握，成為包羅萬象的「如來神掌」。這已經成為數字經濟發展的核心力量，成為推進經濟佈局優化和

結構調整的抓手。數字市場自身成為實現微觀主體有活力、市場機制有效、宏觀調控有度的自然而然的一個載體。如果現實世界的市場參與者也能夠了解某種商品的總量與消費需求量，傳統市場也有可能體現出一定的計劃性。可以說，數字市場中計劃與市場結合這一特點的出現，對物理世界也存在啟示意義。

生產與消費的統一

在物理世界的傳統市場中，商品從生產者到消費者之間要經過數個環節，從生產環節到主幹物流、大倉儲、支線物流、小區附近，再到消費者手中，中間任何一個環節都有可能由於主觀或客觀原因出現信息不通暢的現象，最後造成庫存量和消費成本的增加。

把傳統市場映射到數字市場，企業能夠整體地洞察需求端，有多少用戶、有多少需求、有多少潛在需求都能夠被呈現。因此，當企業能夠匹配到每個人的需求的時候，就可以將資源匹配到市場需要的地方，企業將更有針對性、定製化、細粒度地按需生產。這樣不僅會大幅減少資源的浪費，企業之間的惡意競爭也將下降，從而騰出關注競爭「內耗」的手去滿足暗藏在市場中的長尾需求。這一環節還可以通過技術決策或交由更加高效、更低成本和更精準的計算機來完成。剝離了「人」的因素，也就大幅削弱了由於「人」造成的不確定性、不穩定性以及認知的局限性。

更進一步來看，在元宇宙中，原來傳統市場的商品到消費者手中要經過的數個環節都不存在。沒有物流環節，更沒有主幹物

流、支線物流；沒有倉儲環節，更沒有大倉儲、小倉儲。這樣就不存在任何一個環節的信息不暢的問題。

在從生產到消費的宏觀鏈條中，物理世界需要流通環節，數字技術則把流通環節數字化，提高了效率。元宇宙中根本沒有流通環節，生產和消費自然而然是統一的。物理世界中，通過數字化進程，它們也正在趨向統一。

在數字市場中，生產與消費統一，這也是計劃與市場統一的微觀表現。

監管與自由的統一

實現監管與自由的統一，就是實現數字市場的良好治理。至於監管是通過社區自治、獨立第三方監管還是由政府來監管，則是在實踐中取得平衡的問題。

比特幣不成功的自由實驗

比特幣是秉承着極端去中心化的思想建立的第一個社區自治的實驗，但是從其發展歷程來看，並沒有實現創始人中本聰最初的理想。比特幣沒有成為嚴格意義上的數字貨幣，只是第一個加密的數字資產。其價格已經完全被人操縱，沒有任何自由意義。

2021 年 2 月，特斯拉提交給美國證券交易委員會的文件中顯示，特斯拉購買了 15 億美元的比特幣。3 月，馬斯克在社交媒體上宣佈可以使用比特幣購買特斯拉，消息一經提出，比特幣的價格一度達到 64000 美元每單位。到了 5 月，特斯拉又宣佈關閉比

特幣的支付渠道，比特幣暴跌近 50%。最近，受到中國政府全面整頓礦機行業的影響，比特幣的價格跌至 31000 美元每單位。

馬斯克充分利用其社會影響力操縱比特幣市場。如果比特幣歸美國證券交易委員會管理，或者歸中國證監會管理，馬斯克很可能受到處罰。可惜這只是假設。馬斯克的行為只是比特幣市場被操縱的一個例子而已。

絕對的自由一定導致絕對的壟斷。在物理世界中，大家對於壟斷監管已經形成了法律，中美兩國都出台了反壟斷法，然而對於比特幣都不適用。那是一個由代碼決定的完全自由的世界，但是自由的理想，最終還是要面對被操縱的現實。

雖然以太坊在比特幣的基礎上，做了大量的改進，但是幣值如果不穩定，最終也會傷害以太坊的元宇宙。

理想的市場經濟

監管的初衷在於確定邊界、維持穩定的環境、明確參與各方的義務與責任。不論在甚麼市場中，道德風險、投機行為都是難免的。在數字市場中，如果沒有監管，用戶的自由是得不到保障的，平台有可能通過數據優勢、技術優勢人為地製造信息不對稱而造成壟斷，限制市場參與者的經濟自由。因此，需要監管作為「方向鎖」「懲戒棒」來保障市場運行。市場中的自由則是指參與市場的各方在市場中的活動不會受到任何干預，自由競爭、自由市場、自由選擇、自由貿易及私有財產能夠得以保障。市場的自由並不是無限的自由，而是保障市場有效運行的自由。「理想的市場經濟，是一個市場上每一筆交易都能夠受到監管、登記和事後責任追究的經濟，而不是芝加哥學派和華盛頓共識鼓吹的放任自

由的經濟。一個好的經濟制度是一個能夠建立和實施嚴密市場監管的制度，而不是新制度經濟學派缺乏內涵的抽象的『一切市場皆可為』的『包容性』制度。」①

監管手段滯後是市場自由受限的原因

一個健全的，具有高度適應性、競爭力、普惠性的現代數字市場是推動發展先進數字產業、振興實體經濟的「定海神針」。這就需要完善基礎性制度建設，大力發展監管科技。數字經濟的發展是大勢所趨，蓬勃發展的數字經濟深深地改變着人類的生產生活方式，也改變了傳統監管與自由的關係。在數字市場中監管與自由是統一的，監管並不是為了限制市場的自由而存在，而是可以看作為了滿足大多數人的自由，維持市場的有效性的必要措施。

事實上，在數字市場裏，監管是極其重要的新興的技術保障，是數字經濟運行的關鍵。如果沒有這個監管，就如同傳統失效的市場，就不可能實現理想中的自由。並且在數字市場裏，監管的邊界其實是動態的、可協調的。市場是瞬息萬變的，如果靠人工、非實時監管，由於市場失靈造成的損失可能早就產生了。如果是在人工智能等技術的賦能下，形成了完善的監管制度並依此執行，問題將迎刃而解。因此，監管必須是與數字市場同步運行的，只有這樣，規則才能落到實處，將市場中可能發生的風險控制在萌芽狀態，保障市場的平穩運行。

---

① 文一．偉大的中國工業革命 —— 發展政治經濟學一般原理批判綱要［M］．北京：清華大學出版社，第176頁．

就數字市場而言，監管科技的滯後已經明顯制約了產業的發展。產業發展存在監管盲區、監管缺位、監管失當三大問題。所謂監管盲區，就是看不到，不知道應該監管甚麼；監管缺位，是看到了管不到；監管失當，則是缺乏精細的監管手段，而造成實踐中「一刀切」的現象。

從根本上講，監管有多充分，市場就有多自由。因此，必須盡快發展監管科技，解決監管體系中的三大問題。

行為與信用的統一

在數字市場中，行為主體的信息、數據、操作都會形成行為主體在數字空間中的一條條的痕跡。一切行為都是被記錄的，都是可以被追溯的。在數字市場中，任何行為都將直接與行為人的信用掛鈎，因此行為就構成了信用。例如，在淘寶這個電子商務數字市場中，商品的交易記錄、買賣的數量、評價的好壞、物流的速度、退貨的比例、客服的介入、重複購買比例等數據都會被完整地記錄。市場參與主體的每一步行為、每一個操作都構成了其信用的軌跡，從而代表了主體的信用水平。只要保障數字市場的監管，信用就能被行為完整地反映，從而促成市場的良性循環。

在元宇宙中，連阿凡達自己都是數字化的，可以說一切皆數字化。信用就是數字化行為的總和。一切規則都是由軟件來定義的，交易的邏輯、安全性、行為步驟都必須經過技術手段的確認。例如，區塊鏈技術中的智能合約、代碼設計成為各參與主體共同確認的形式。一旦寫成，任何人在設定的節點之外，根本無法篡改信息，一切行為都是被設定好的，只能被完整執行。在這種共

識機制下，行為人如果要進行交易，就必須根據軟件定義的規則行動。在這樣的數字市場中，交易行為不再需要傳統銀行的介入，甚至連第三方平台諸如支付寶都成了「累贅」。從交易規則這個層面來看，過去的第三方監管被自組織、自管理、自監管取代。因此，交易行為必須符合軟件定義的信用，「強制」性地讓參與各方的信用得到保障，使數字市場中的行為與信用得到統一。

正如在本章開頭所指出的，元宇宙經濟是數字經濟的特例，是其子集，但也是一種最活躍、最徹底的數字經濟。元宇宙經濟的特徵，在一定程度上反映了數字經濟的特徵和趨勢，從而對於數字經濟的發展具有借鑒意義。

實現 DC/EP 在元宇宙經濟中 的法幣地位

DC/EP（Digital Currency/Electronic Payment，數字貨幣 / 電子支付）不但是元宇宙金融體系的基礎，更是整個數字經濟的核心。元宇宙提供了典型的、大規模的消費級應用場景，這個場景是超越國界的、不分種族的。因此，DC/EP 在元宇宙中的應用，是有助於構建元宇宙經濟體系的，同時元宇宙也是 DC/EP 完成數字經濟發展使命的根據地。元宇宙發展迅猛，如果 DC/EP 不去佔領元宇宙，自然會有其他的閹割型代幣（如 Q 幣）或者加密貨幣（如以太坊）去佔領。

各種數字貨幣已經在割據市場

傳統上，貨幣具有價值尺度、流通手段、貯藏手段、支付手段等基本功能。價值尺度功能體現在衡量和標記商品的價格；流通手段等同於交換媒介；貯藏手段是時間維度的概念，貨幣長時間存儲起來，依然擁有原來的購買力。法幣兼具這三個功能，不可分割，但是數字貨幣的應用程度不同，甚至在有些場景中取代了法幣的部分功能。

譬如盒馬鮮生，這是馬雲倡導的新零售的代表。去盒馬鮮生購物，只能用盒馬鮮生的 App 支付，唯一的支付渠道是支付寶，默認的付款方式為「螞蟻花唄」。事實上，支付寶中的「餘額」就是數字貨幣，在盒馬鮮生等新零售場景中，餘額取代了人民幣流通手段的功能。花唄和餘額寶都是「餘額」這個數字貨幣的衍生金融產品，分別用於分期付款場景和理財場景，本質上是借貸業務和投資業務。

數字貨幣高度依賴支付場景。DC/EP 試點應用，大多是和大型電商合作，限定期限內使用 DC/EP 購物。對消費者而言，是不是 DC/EP，並無明顯的差別。但是在元宇宙中則截然不同。

元宇宙是承載 DC/EP 的最佳場景

遊戲是元宇宙的雛形，在遊戲中得到應用，就可以自然而然地推廣到其他元宇宙應用中。遊戲中經濟體量巨大，而且處在高速發展階段。根據中國音教協遊戲工委的數據顯示，2020 年，中

國遊戲市場實際銷售收入 2 786.87 億元，比 2019 年增加了 478.1 億元，同比增長 20.71%。

在遊戲中，存在大量的充值餘額，對於消費者而言是巨大的損失。很多情況下，在遊戲中充值的金額並不會被完全消費。如果遊戲充值形成的貨幣，在不同的遊戲中都能使用，對於刺激消費者的消費慾望無疑有巨大的影響。

我們已經談過，現有的賬戶支付體系，滿足不了遊戲日新月異的交易需求。*Roblox* 發行了自己的 Robux 幣解決了 *Roblox* 元宇宙居民的消費需求。Robux 只能在 *Roblox* 的平台上才能使用。《王者榮耀》的玩家，顯然就不能使用 Robux 幣。

最有可能跨平台承載元宇宙底層貨幣功能的候選者，以太坊無疑算一個，但是以太坊的性能一直飽受詬病，尤其是對於遊戲這種對效率要求極高的場景而言。基於以太坊，人們開發了許多加密貨幣遊戲，但是這些遊戲創造的商業價值，無法和成熟的遊戲相提並論。

站在遊戲開發商的立場來講，建立自己的虛擬貨幣體系，是有利的事情。從構建未來的元宇宙生態來講，必須有獨立於單一遊戲的貨幣體系，才能真正促進元宇宙的發展和元宇宙經濟的繁榮。

中國的元宇宙必須基於 DC/EP 來構建，這是毋庸置疑的，也是勢在必行的。

自然而然的出海通道

DC/EP 出海，是人民幣國際化的重要途徑。遊戲，是跨國家、跨民族，甚至是超越文明的面向 M 世代年輕消費者的應用。在遊戲中，採用 DC/EP，甚至可以達到不動聲色之間，輕舟已過萬重山的境地。

阿凡達在元宇宙中辛辛苦苦賺到的 DC/EP，為甚麼不可以讓他們換成本國的法幣呢？在中國，DC/EP 不存在和法幣兌換的問題，DC/EP 本身就是法幣。在其他國家，DC/EP 和法幣兌換，自然而然就是完成了 DC/EP 出海的使命。

在物理世界，大國間的博弈日趨激烈，美國正在各個領域與中國進行博弈，不但要把中國排除在科技發展進程之外，而且要把中國排除在金融體系之外、國際社會之外。且不論美國的意圖能否達成，中國目標非常明確，就是加強國際間的聯繫，形成更廣闊的統一的大市場。

當我們在物理世界中構建統一市場障礙重重的時候，在數字世界的元宇宙中，構建統一的數字市場，幾乎沒有任何阻力。因為年輕的遊戲玩家是不分國界的。

遊戲不僅是文化傳播的載體，更是構築全球統一數字市場的先鋒官。DC/EP 需要在遊戲中進行深入應用，促進遊戲的繁榮，促進遊戲「出海」，形成真正的元宇宙經濟，進而拓展到數字經濟。

從遊戲到元宇宙，從元宇宙到數字經濟，從數字經濟再到傳統經濟，既能促進元宇宙成熟，又能引領數字經濟發展，是一條推進 DC/EP 深入應用的清晰的路徑。

我們必須從元宇宙的語境、國際話語權的爭奪、文化輸出的

背景、數字經濟的先鋒、DC/EP 構建數字金融體系的角度，重新審視遊戲的引領性和帶動性的戰略價值。遊戲不過是元宇宙的雛形，元宇宙的構建需要從其構成要素方面多加思考、多方協同、共同推進才能形成繁榮的局面。在數字創造領域，可否提供簡單易用的創造工具來支持用戶原創的內容？可否內置社交網絡來形成社會化網絡效應？可否建立高效率低成本的交易市場來讓內容創作者獲利？可否建立超越元宇宙的數字貨幣體系？前三個問題的解決可以依賴元宇宙的創業團隊，第四個問題則有關元宇宙基礎設施的建設，必須上升到國家層面，才能系統性地解決問題。

自治的烏托邦 05

但是，請你一定要記住！能導致這世界滅亡的並不是他，而是人類，是人類自己！

——遊戲《惡魔城：月下夜想曲》

以程序正義為名的「不作為」，
和以「不作惡」為口號的互聯網公
司，實際上都阻礙了社會發展的步
伐。當挾「數據」以令諸侯的事件成
為常態後，社會已經深刻認識到，數
字霸權，正成為影響社會治理的一個
重要問題。

去中心化的嘗試是對數字霸權
的反抗。智能合約正在構建新型的
治理方式，在某種意義上，它同時
制約了不良的個人和不良的程序帶
來的負面影響，在世界範圍內，形
成普遍的合作機制。

應對大面積的災難事件、處理
法制之上有悖道德的不良行為，不
是去中心化治理模式擅長應對的領
域。不過，去中心化治理模式剛剛
誕生不過十年之久，且在快速地發
展變化，或許，解決方案就在未來
的不斷演化之中。

建立「桃花源」「烏托邦」那樣的理想社會，一直是人類孜孜以求的目標。每個民族在各自的歷史上都曾飽經戰亂、災難、疾病之苦。好的社會治理，除了能維持社會基本運轉、經濟平穩增長之外，還能挽狂瀾於既倒，扶大廈於將傾。救民於水火之中的應急處理能力，更是衡量社會治理能力高低的重要評判標準。

　　元宇宙中沒有戰亂、災難、疾病，即便有，也不過是「創世者」製造的新奇體驗而已。元宇宙不是孤立的存在，只要人還有「肉身」，元宇宙就注定無法完全擺脫物理的約束。因此，元宇宙的治理，同樣也需要考慮事關全局的重大公共利益、公共安全及危機發生時有沒有應對之策？元宇宙經濟學中，是否還有「看得見的手」發揮作用的空間呢？

　　當我們把視野從元宇宙經濟的角度，切換到元宇宙社會治理的角度，首先需要清醒地認識到，正是在經濟領域行之有效的規則，成了製造社會問題的溫床。

美國政府「不作為」 VS 平台公司「不作惡」

當地時間 2021 年 6 月 24 日，美國佛羅里達州邁阿密 - 戴德縣瑟夫賽德鎮發生一起公寓樓局部坍塌事故。事故樓房中共有 136 套住房，其中 55 套在坍塌中損毀。

2021 年 6 月 29 日，美國佛羅里達州邁阿密公寓樓倒塌事故的遇難人數升至 12 人，仍有 149 人失蹤。

6 月 30 日下午，美國佛羅里達州邁阿密 - 戴德縣官員在新聞發佈會上表示，該州近日發生的公寓樓局部坍塌事故，已致 18 人死亡，仍有 147 人下落不明。

這樣一起嚴重的事故，折射出許多社會治理方面的問題。不同的理念、不同的技術基礎，可以給出不同的解決方案。關於這場事故的成因，網上眾說紛紜，撲朔迷離，要等到當地政府公佈調查結果估計是曠日持久。

邁阿密公寓樓倒塌事件，有沒有好的治理方案？

商業保險不是一個好的答案。商業保險是以個人或者家庭為單位的投保。有的公寓樓居民難以承擔保費。保險公司最多只是賠付給買了某個險種的住戶，沒有責任和義務去善後。

公寓內的每個房屋，產權隸屬不同的個人。所有基於產權的保險、救助機制，都無法解決邁阿密公寓整體問題。沒有人或者機構為邁阿密公寓整體事件承擔責任。邁阿密公寓毫無疑問會面臨年久失修的問題，這是危害所有公寓居民公共利益的問題。當這個問題出現時，大家只好去找「業主委員會」。但是業主委員會

又有甚麼能力和資金處理這個公共事件呢？

　　邁阿密公寓悖論體現了居民的產權和公寓公共安全之間的矛盾。

房屋維修基金方案

　　房屋維修基金包括兩個部分，分別是房屋公用設施專用基金和房屋本體維修基金。房屋公用設施專用基金設立的目的，是為物業共用部位、公共設施及設備的更新、改造等項目提供資金。本項專用基金的使用遵循「錢隨房走」的原則，賬戶裏的餘額在房屋轉讓時會轉移給新的產權所有人。

　　中國的房屋維修基金制度始於 1998 年，2004 年開始，它成了房屋辦理產權證時必須繳納的費用。2008 年，其繳納標準由最初的「按購房款 2%—3% 的比例繳交」變為「按住宅建築安裝工程每平方米造價的 5%—8% 繳交」。

　　房屋維修基金在一定程度上可以解決邁阿密公寓悖論。大家在購買公寓的時候，要為可能出現的公寓公用設施提前支付一筆費用，用於公共維修的支出。如果房屋維修基金被挪用，問題就大了。在中國，有配套的監管措施，保證這筆錢專款專用、錢隨房走。在元宇宙中，就需要利用區塊鏈去中心化的機制，設定智能合約，確保每個公寓的業主都繳納維修基金，且不能挪作他用。

　　當然，現實物理世界中「麻煩」很多。法律多如牛毛，智能合約在技術上可以做到圖靈完備，但是在現實中，是否可以實現法律完備，的確值得商榷。

　　2021 年 4 月 10 日，國家市場監督管理總局公佈處罰決定書，

責令阿里巴巴集團停止濫用市場支配地位的行為，並對其處以2019 年中國境內銷售額 4557.12 億元 4% 的罰款，共計 182.28 億元。同時向該集團發出行政指導書，要求其全面整改，並連續三年向國家市場監督管理總局提交自查合規報告。182.28 億元，是中國《反壟斷法》實施以來開出的最大罰單。

這張最大罰單的出現，代表着中國對於平台型公司的治理就此拉開帷幕。

谷歌公司「不作惡」的理念

谷歌「永不作惡」的企業宗旨形成於 1999 年。谷歌創始人之一阿米特・帕特爾（Amit Patel）和一些早期員工擔心，當商業人士加盟技術驅動的谷歌之後，他們未來可能出於客戶的要求不得不更改搜索結果排名，或者在一些他們不願意開發的產品上付出精力。谷歌創始人的一封信（後來被稱為「不作惡的宣言」）中有這樣一句話：「不要作惡。我們堅信，作為一個為世界做好事的公司，從長遠來看，我們會得到更好的回饋——即使我們放棄一些短期收益。」

最早看到谷歌公司「不作惡」的理念時，人們感到很奇怪。這不應該是所有公司的底線嗎？怎麼成了最高目標和必須堅持的原則？不作惡很難嗎？但隨着對於平台型公司的研究，對於社會學結構洞理論的學習，人們發現「作惡」是所有平台型公司的宿命。

2015 年，谷歌似乎也意識到了甚麼，悄悄地將其著名的格言從「不作惡」（Don't be evil）改成了「做正確的事」（Do the right thing），從此在賺錢的道路上狂奔，不再理會善惡的說教。是啊，既然做不到，為甚麼還要說呢？

在網上隨便一搜，谷歌可謂劣跡斑斑。

面對利潤，谷歌的廣告部門主動幫助賣假藥者規避合規審查，導致假藥、走私處方藥、非法藥物（如類固醇）的廣告網頁在搜索結果中大量出現。本案由 FBI 調查，於幾年前和解，谷歌被罰款 5 億美元。

「阿拉伯之春」是在阿拉伯國家發生的一次顏色革命浪潮。2010 年突尼斯的自焚事件被視為整個「阿拉伯之春」運動的導火線。埃及總統塞西表示，阿拉伯發生的「革命」導致 100 多萬人死亡，並給基礎設施造成近一萬億美元的損失。根據一些國際評估結果，在敘利亞、伊拉克、利比亞和也門等國發生的事件同樣造成巨大損失，其中僅基礎設施損失就達到 9000 億美元。這些事件還造成超過 140 萬人失去生命，1500 多萬人淪為難民。此前被認為是「阿拉伯之春」成功典範的突尼斯，年輕人的失業率約為 35%。從經濟上看，該國 GDP 增長自 2010 年以來一直停滯不前，人均 GDP 甚至從每年 4000 美元下降到 3600 美元。

在這場席捲而來的阿拉伯的顏色革命浪潮中，谷歌、Facebook 等公司，扮演了很不光彩的角色。這些大型互聯網公司，利用其手中的壟斷信息、壟斷數據，從「屠龍少年」，最終變成了「惡龍」本身。

中心化節點＋趨利商業追求，
最終走向作惡的深淵

　　旅客通過一些旅遊類 App 購買機票，App 通常會搭售保險。延誤險是一個常見的險種，保費低廉，賠付金額也不算高，屬於大多數人都可以承擔的險種。尤其是在夏季，旅客會遇到因天氣不良造成的各種延誤，因此這一險種的購買率比較高。

　　在這個例子中，有消費者、旅遊 App、保險公司三方。其中消費者和保險公司之間的聯繫完全通過旅遊 App 建立，旅遊 App 是這三方的中心節點。正常的流程，是消費者下單、購買機票、購買延誤險。旅遊 App 記錄消費者的購買信息，把機票數據傳送給航空公司，保費傳送給保險公司。保險公司收到保費後，消費者投保成功。

　　保險公司和消費者之間並沒有直接的聯繫，如果旅遊 App 截留了消費者投保數據，保險公司對此也一無所知。在理想的情況中，消費者下單購買機票、保費的同時，航空公司、保險公司會收到消費者的購買記錄。由於這一切必須通過旅遊 App 來完成，就存在旅遊 App 作惡的風險。飛機延誤並不是每次都會發生，消費者也不是每次消費都會購買延誤險。雙方都是「或有」的情況下，旅遊 App 就有了作惡的空間。它完全可以把部分消費者投保的錢款據為己有。消費者不知情，保險公司也無可奈何。

　　相信現在很多乘客在打車時有類似的經歷：身邊明明一輛輛空駛的出租車呼嘯而過，網約車 App 卻給你叫來一輛遠處的車。這輛遠處的車，很可能還是價格比較貴的高端車型。

　　乘客和司機互不知道對方的需求，只能通過網約車 App 建立

聯繫。網約車 App 就是乘客和司機之間的中間節點。凡是作為中間節點的商業組織，都會有利用數據霸權來獲取最大商業利益的動機。

商業組織獲利是天經地義的，但是如果因為獲利的需求，而開始干預本該自由、透明流動的數據，作惡的潘多拉魔盒就被打開了。

谷歌在成立之初提出「不作惡」的口號，就是因為擔心商業利益導向會影響搜索結果的排名。但是現在，谷歌可以以各種理由為藉口，有時候是「人權」，有時候是「正義」，來肆意干涉搜索結果。澳大利亞的媒體曾被谷歌屏蔽，這相當於澳大利亞這個國家在谷歌上消失了。Facebook 也不遑多讓，澳大利亞政府要 Facebook 為澳大利亞媒體原創的內容付費，這一要求導致的結果，就是 Facebook 直接屏蔽澳大利亞的所有媒體。

這類事件的頂峰，就是美國主流互聯網平台聯手封殺特朗普，使其在互聯網世界中消失了。

SWIFT —— 華爾街作惡的工具

銀行間的結算系統是環球銀行金融電信協會（SWIFT），也叫作環球同業銀行金融電信協會。SWIFT 的總部設在比利時的布魯塞爾，它是一個國際銀行間非營利性的國際合作組織。SWIFT 設立之初，為各國銀行提供了快捷、準確、優良的服務。但是其逐漸淪為金融霸權的工具。事實上，如果不能接入 SWIFT 網絡，就很難開展國際貿易。

假如一個中國企業要採購巴西的大豆，由於國際間貿易結算需要使用美元，中國企業就需要把人民幣兌換成美元支付給巴西的企業。跨國的貨幣兌換需要各國銀行的配合完成，交易過程中，中國的銀行對巴西的銀行進行大額支付業務時，就必須通過SWIFT系統。華爾街的金融大鱷因此嗅到了商機：中國的銀行機構需要買入美元用於跨國支付。針對中國大額交易的金融套利活動就悄悄展開：華爾街大鱷動用大筆資本購入美元，製造美元供不應求的局面，等中國需要使用美元支付時，發現美元匯率已經上漲了，中國不得不花費額外的成本去購入美元。換句話說，使用SWIFT系統，就把各國所有的重要跨國貿易，統統暴露在華爾街大鱷的面前。美元作為國際貿易的中介，成為他們從中漁利的工具。

美國對伊朗、俄羅斯的經濟領域施加的最嚴厲的制裁，莫過於禁止其接入SWIFT系統。

蒂姆·伯納斯-李發明了網頁瀏覽器，人類從此進入互聯網時代，他被尊稱為「互聯網之父」。開放、平等是互聯網發展的初心，而大型的互聯網平台公司猶如數據黑洞，吞噬一切數據，形成壟斷霸權，從而利用中心節點的信息優勢，開始剝奪人們自由、平等獲取數據的權利。蒂姆·伯納斯-李憂心忡忡地認為，當下互聯網的發展已經背離了互聯網的初衷。

最終，互聯網巨頭們，都活成了他們自己討厭的模樣——作為巨無霸型「中介」，形成了事實上的壟斷。

去中心化的嘗試，理想照進現實

　　中心化商業組織的天然壟斷傾向，是根植於其商業基因中的。毫無疑問，這些大型的組織，在推動人類進步方面依然功不可沒。但是時代車輪畢竟滾滾向前，人們總是在探索破解之法，建設一個新世界。

　　最早、最成功的實驗，就是比特幣。儘管中國目前正在嚴厲整治「挖礦」（比特幣發行機制）行業，但比特幣帶來的去中心化思想，天然就是對抗互聯網巨頭、銀行等中介機構的武器，也是人類在商業化治理中的探索。

比特幣，去銀行中介

　　在比特幣交易中，是不需要銀行的。也就是說，無論是跨國交易還是個人交易，都不需要經過銀行這個中介，自然也就不再需要 SWIFT 系統，華爾街大鱷想要興風作浪，也不再有任何的信息優勢。

　　比特幣是一個完全使用點對點支付改進版電子現金，支持一方直接發送給另外一方的在線支付方式，無須通過金融機構。

　　在以黃金、白銀、銅板這些貴重金屬作為貨幣的年代，是沒有銀行這個概念的。大家的支付，就是最自然、最原始的點對點支付。所謂點對點，就是買方直接把「錢」交給賣方，不經過任何

中間環節。這樣的支付方式，從實物貨幣誕生以來，就是最主流的支付方式，也是所有經濟活動的基礎。

比特幣在數字世界恢復了人類歷史上最古老的支付方式——一手交錢一手交貨，沒有中間商賺差價。

「智能合約」去第三方的自治商業

在現實商業環境中，事情總有先後發生的次序。就一手交錢、一手交貨這個最簡單的情況，如果涉及大額資金，也可能陷入「你先給錢」與「你先給貨」的矛盾中。買方擔心自己付了錢，拿不到貨；賣方擔心自己給了貨，拿不到錢。

中介組織——銀行給出的解決方案，就是開立共管賬戶。資金打入共管賬戶中，共管雙方都同意，才能動用共管的資金。商業流程就變成：第一步，找銀行開立共管賬戶；第二步，買方把資金匯入共管賬戶中；第三步，賣方發貨；第四步，買方確認收貨；第五步，共管賬戶資金匯入賣方賬戶；第六步，註銷共管賬戶。

銀行事實上承擔了在商業行為中終極信任者的角色，大家都信任銀行。但是如此一來，銀行的中心地位又回來了。比特幣建立去中心化銀行的理想，豈不是又落空了？

在智能合約中，算法取代了銀行的位置。利用智能合約，「一手交錢、一手交貨」的商業流程變成：第一，開發智能合約，鎖定買方的部分資金，確保有足夠的資金用於支付貨款；第二，賣方發貨；第三，智能合約自動確認收貨信息，收貨一旦確認自動執行智能合約中約定的轉賬協議，自動向賣方賬戶轉入提前鎖定的

資金。智能合約取代了銀行和共管資金賬戶的功能。

　　智能合約之所以成立，就是因為基礎的交易環節都在區塊鏈上完成，每個交易環節都被精確記錄並且不能修改。

區塊鏈，去中心化的賬本

　　記賬是區塊鏈的核心，確保賬本不被任何人修改，是通過其一系列的技術和算法做到的。

　　在上文中，我們用消費者、旅遊 App 和保險公司三方參與的一個消費場景，說明了中心節點旅遊 App 具有信息壟斷的權利。旅遊 App 到底壟斷了甚麼？其實就是消費者的投保記錄。消費者購買保險的「記錄」，只有旅遊 App 一家掌握。換句話說，只有旅遊 App 記了賬，「某年某月某日，張 ×× 從 ×× 保險公司，購買了延誤險一份，支付金額 × 元」。當旅遊公司隱藏了這個賬本，保險公司也就無從查證了，想去找旅遊公司收錢都沒有任何依據。

　　但是區塊鏈則不同，其實現了分佈式賬本的機制。如果在區塊鏈上，「某年某月某日，張 ×× 從 ×× 保險公司，購買了延誤險一份，支付金額 × 元」這個信息，是區塊鏈上所有節點都會同時記錄的信息，而且是對所有節點開放的。旅遊 App 是區塊鏈上的一個節點，保險公司也是區塊鏈上的節點，消費者購買延誤險的同時，旅遊 App 和保險公司都記了賬，雙方的賬一模一樣，且誰都不能單方面修改。這樣，信息就在節點之間完全透明，節點都是平等的，沒有任何一個節點可以藏匿信息。基於這個公開的賬本，保險公司可以理直氣壯地找旅遊 App 結算，旅遊 App 應該付保險公

司多少錢，就得付多少錢。

這就打破了中心節點壟斷信息的霸權。

兩種治理方式的比較

中心化組織＋監管機構是物理世界中最典型的治理模式，古今中外，概莫能外。數字世界中，區塊鏈技術實現了去中心化組織＋智能合約自治的模式。

銀行業有銀監會監督，證券業有證監會監督，互聯網平台現在被市場監管總局監督。這種治理模式至少在物理世界還是行之有效的。中心化組織利用數據霸權為所欲為的時候，不得不顧忌頭上的達摩克利斯之劍。

在區塊鏈構成的去中心化世界中，正在構建新的治理模式。去中心的治理模式，到底去了甚麼中心？我們先從物理世界中電影產業的治理說起。

電影產業的治理

電影這個行業，是在物理世界生產、在物理世界消費、在數字世界體驗的特殊行業。其資產類型是典型的高價值數字資產。

早期的電影採用膠片攝影機拍攝，電影就是一卷卷的膠片。現在幾乎沒有人再利用膠片技術來拍電影。偶爾有一兩部，宣傳

的重點往往在於膠片電影特有的質感。取而代之的是數字技術，電影從存儲在膠片上，變成存儲在硬盤中，成了一個個數字文件。無論是膠片還是數字文件，對電影產業而言，盜版都是大敵。

電影的製作方要防範盜版，大都採取加密數字文件的方式。只要不知道密鑰，就算盜取了數字文件也無法播放。另一種方式是使用昂貴的電影播放設備。例如 3D 類型的電影，需要專用設備播放。控制專用設備也是保護電影文件的可選方法。

電影產業有製作方（拍攝電影）、發行方（銷售電影）、院線（播放電影的影院，為了簡化討論，其他播放渠道如網上點播等忽略不計）。這三方收益如何分配？在產業發展的不同階段，三方之間的分配比例略有不同。中國發行方比較強勢，就會佔據較大的份額。海外更重視原創劇集，製作方就可能佔更大的份額。具體比例是行業博弈的結果。

但是有兩個最重要的問題：不管三方份額如何，票房總收入誰說了算？院線和票務公司收到的資金，該如何歸集？只有知道準確的總票房，電影產業的各個環節才知道分配的總盤子，知道自己按照比例可以分多少。票房收入的資金必須專款專用，及時地分配給各個參與方，才能皆大歡喜。

中國專門成立了一個部門來解決這兩個問題 —— 國家電影事業發展專項資金管理委員會辦公室（以下簡稱「專資辦」），它是中宣部直屬的事業單位，負責國家電影專項資金的徵收、使用與管理；負責全國電影票務相關信息系統的建設、管理等工作；負責監督、協調省級電影專項資金管理委員會辦公室相關工作；根據授權，利用信息技術手段實施電影票房市場監督管理，開展電影產業相關業務服務等。

其中一項重要的工作，就是管理全國電影票務綜合信息管理平台。按照專資辦的規定，所有發售電影票的公司，必須在 10 分鐘內上傳電影票銷售數據。這就及時地完成了全國總票房記錄的任務。同時，根據電影票銷售數據，監管票務公司的資金。

既然專資辦解決了電影產業的兩大核心問題，它也會在每張電影票中分「一杯羹」。目前專資辦提取 5% 的票面金額，作為服務費用。

專資辦給電影產業記了「賬」，還監督不同環節的票房分配。這是專資辦對於電影產業的基礎性作用。可以說，如果沒有專資辦，就沒有電影產業。

專資辦有一個重要的功能，在疫情防控期間表現得尤為突出。疫情防控期間，電影院門可羅雀。幾乎長達一年時間，這個產業沒有任何收入，一些製作方、院線陷入瀕臨破產的境地。這時，專資辦歷年累積的小金庫發揮了作用。這相當於電影產業的「大家長」拿出點「私房錢」，救助苦苦掙扎的產業。不得不說，專資辦的資金，還是支持電影產業渡過了寒冬。

區塊鏈的治理模式

用區塊鏈技術實現電影產業的治理方式，與「專資辦」模式有所不同。

首先，區塊鏈利用分佈式賬本技術，取代了「全國電影票務綜合信息管理平台」。製作方、發行方、院線都是電影區塊鏈上的節點。票務銷售數據的「賬目」全部上鏈保存。任何一方都不能修改

票務銷售數據的賬目。這是用技術手段，取代了行政命令，但是能達到一樣的效果。「賬目」權威性，足以用來作為各方分配的依據。

監管的手段，採用智能合約。專資辦規定的各種細則，統統用代碼的形式實現。如果觸發（違反規則），則自動執行（處罰）。

電影產業治理模式和區塊鏈治理模式，毫無疑問都在各自的領域發揮着舉足輕重的作用。

相比之下，電影產業治理模式成本高昂，治理成本佔電影產業的5%。2020年中國電影總票房204億元，治理成本就高達10億元。這種治理方式無法在一些小眾的行業應用。我們也沒有辦法在去中心化的世界中成立一個中心化的組織，來完成治理工作。

因此，區塊鏈的治理模式是數字世界行之有效的模式。

專資辦可以在疫情防控期間救助電影產業，這是專資辦治理模式的領先之處。在去中心化的模式中，誰能來扛起拯救行業整體性衰退的重擔呢？答案是「沒有人」。也許自治社區還沒有遇到類似的問題，也許會在後續的發展中產生類似的機制。邁阿密公寓悖論，在區塊鏈世界中依然無解。

延伸閱讀：以太坊是如何進行治理工作的

區塊鏈的世界中，代碼就是規則。修改代碼意味着修改規則。有一套相應的流程，確保代碼修改符合整體的利益。這裏用以太坊為例，說明代碼修改的治理過程。

網絡的各個方面理論上都可以改變。與我們在現實世界中所遵守的社會契約不同的是，在去中心化網絡中，如果參與者對網

絡的最新變化不滿意，他們每一個人都可以選擇「憤怒退出」（rage quit），從而離開這個網絡，繼續使用他們自己的備用網絡。然而，在現實世界中，這種選擇是不存在的，因為我們無法單槍匹馬地退出系統或改變它的規則。我們不能決定不納稅或做違法的事情。這些規則是由體制決定的，幾乎不可能改變。

誰來決定軟件中的內容？

實現軟件更改的過程與現實世界中通過新法律的過程非常相似。在現實世界中存在着各種利益相關者。對以太坊來說，其主要的利益相關者是：

用戶：持有 $ETH 並使用以太坊應用程序的終端用戶、加密貨幣交易所、在以太坊之上構建應用程序的開發人員。

礦工：運行服務器場以驗證交易並保護網絡（從而獲得以太幣）的個人或企業實體。

以太坊核心開發人員：為節點軟件做出貢獻並參加各種技術論壇的開發人員和研究人員。

以太坊核心開發人員就像政客一樣，通過衡量社交媒體、會議或文章上的情緒來聆聽最終用戶的需求。當許多用戶要求某種功能或更改協議時，他們將考慮這些建議。

EIP 被提交後，它將經歷一個技術審查、研究和討論的週期：

Draft —— 正確格式化後，EIP 編輯器會將 EIP 合併到 EIP 存儲庫中。

Review —— EIP 作者將 EIP 標記為已準備就緒並請求對等審查。

Last Call —— 經過初始迭代的 EIP，準備好接受廣泛受眾的審查。

Accepted —— 一個核心的 EIP 已經在 Last Call 中出現了至少兩周，並且開發人員已經處理了任何要求的技術更改。

Final —— 核心開發人員已決定將其實施到各種客戶端（Geth 、 Nethermind etc.）中並在未來的硬分叉（hard fork）中發佈的 EIP ，或者已經在硬分叉中發佈的 EIP 。

以太坊治理就像其他治理系統一樣，有其缺點和優點。治理去中心化的網絡絕非易事，像 Polkadot 這樣的其他區塊鏈正在嘗試「鏈上」治理，其中所有重要決策均由直接在 Polkadot 區塊鏈上投票的用戶做出。

以太坊的治理是一種軟治理，其中許多協調都在「鏈下」進行，並且在功能合併到客戶端之前評估對提案的支持。但是，最終網絡的參與者都會在鏈上做出接受或拒絕新軟件的決定。

以太坊的治理機制，是社區自治的典型，為整個以太坊提供算力的礦工、持有以太幣的用戶、開發者社區都有發言權。到目前為止，以太坊的治理工作非常出色，它擁有迄今為止所有最活躍的區塊鏈開發人員和研究人員社區，並且在各方面都進行了創新。未來幾年最大的挑戰也許將是掌握從工作量證明到權益證明（也稱「以太坊 2.0」）的遷移 —— 這將為更快、更便宜的交易和去中心化應用程序的新發展鋪平道路。

遊戲，並非逃離現實的桃花源

　　元宇宙中的阿凡達不過是人們的化身，人們多重的人格，很可能在不同的元宇宙演繹不同性格的阿凡達。人性中善的一面可以被激發，惡的一面同樣也可以被放大。有些問題，不是代碼可以解決的。

　　文中列舉的例子，都是在遊戲中真實發生的事件，有些事件甚至產生了難以挽回的傷害。

另類的欺凌

　　《摩爾莊園》是由淘米網絡科技有限公司開發的網頁遊戲，於 2008 年 4 月 28 日發佈。這款遊戲一上線，就以其可愛的卡通形象，輕快的音樂，以及遊戲中構造出的美好、夢幻的世界而被廣大消費者接受。

　　因為裏面的內容偏低齡化，以健康、快樂、創造、分享為主題，這款遊戲深受孩子們的喜歡和追捧。

　　在 2009 年，《摩爾莊園》獲得百度風雲榜最佳網絡遊戲獎，成為獲得該獎項的第一個兒童類遊戲。

　　著名遊戲網站多玩平台這樣評論這款遊戲：毫無疑問，《摩爾莊園》絕對是一款精心之作。遊戲倡導「健康、快樂、創造、分享」的主題，遊戲的畫面與背景音樂也是研發商匠心獨運的佳作，

深深吻合着主題。污言穢語、謾罵譴責、暴力血腥、色情犯罪，在這個遊戲中一點都找不到。人們所擔憂的沉迷，在《摩爾莊園》裏也被有效地防止。這裏不僅是孩子們的，也是成年玩家們心靈的最後一片淨土。作為一款以面向青少年、兒童為主的網頁遊戲，遊戲畫面以兒童動漫卡通風格為主，給人一種和諧快樂、積極健康的感覺。

2009 年，武漢市小學《信息技術》教材將《摩爾莊園》收入了「網遊課」中。

可以說，《摩爾莊園》在某些意義上是符合桃花源、烏托邦的特性的，是個充滿着真善美的樂園，也是人們心中純淨的元宇宙的模樣。

但是，圍繞着《摩爾莊園》的犯罪現象，是遊戲開發者及消費者們所始料不及的。

2021 年，《摩爾莊園》新版本上線後，一位成年玩家「星無火」在微博上進行了自我揭露，他大肆炫耀着自己在網頁遊戲《摩爾莊園》中通過盜號、洗號、欺騙等方式，凌虐幼童的心靈，從而獲取滿足感的經歷。

他採用的方式非常簡單，利用小朋友們單純好騙的心理，通過接近他們，套取他們的遊戲賬號。當取得賬號後，他會登錄其賬號將小朋友在遊戲中的資產，例如漂亮的小房子、衣服、遊戲幣等徹底地毀掉。當小朋友詢問甚至央求的時候，「星無火」則用辱罵的方式對待他們。

此外，「星無火」還利用遊戲漏洞，讓小朋友免費為他打工。小朋友辛苦地進入他的莊園做完任務後，他會說一句「哦，滾吧」，並以此為樂。

「星無火」無法從他的這些行為中獲取任何實際上的經濟利益，也無法取得現實成就。他只是利用這些小朋友單純善良的內心來滿足自己施虐的變態慾望，並且將自己所做出的這些事情發佈到互聯網上進行炫耀。

在現實生活中，用語言暴力或者行為暴力虐童，需要隱蔽的地點與合適的目標。大多數兒童在現實生活中都被父母、監護人、老師保護得很好，並不會給這類人機會，但是在虛擬世界中，他們可以利用虛擬的偽裝，肆無忌憚地傷害這些兒童。

「星無火事件」並不是個案，像他這樣在虛擬世界中以傷害別人為樂的人還有很多。他們潛伏在數字信號之下，利用結構漏洞帶來的便利，滿足自己的變態慾望，給那些幼小的心靈帶來傷害，破壞遊戲設計者原本的桃花源構想。

性犯罪的溫床

人性惡的成本在元宇宙中被無限降低。這和人們所說的「在網絡上，你甚至不知道對面是人是狗」其實是一個道理。

在元宇宙的世界中，你不知道對面是甚麼人，不知道對方的目的。你也不知道自己在對方眼裏是甚麼樣的角色。

尤其是在創世者的放縱和不作為中，本身可能擁有美好夢幻設定的純淨世界，會被污染成新的犯罪溫床。

在淘米網絡開發的網頁遊戲《小花仙》中（見圖 5-1），這種惡就被體現得淋漓盡致。

這款偏低齡化的遊戲，以微觀世界為故事舞台，描寫了不同

身份的花仙交織出的奇幻冒險。玩家扮演的小花仙可以進行換裝，精美華麗的服裝、可愛漂亮的人物形象，都讓這款遊戲成為小女孩們的最愛。這款遊戲的玩家小則六七歲，大則十四五歲，正處於天真爛漫的年齡。

就是這麼一款純潔的遊戲，卻被那些別有用心的人所玷污，成為戀童癖的犯罪場所。在遊戲裏，花 3—5 張「米米卡」，也就是 30—50 元，可以購買到漂亮的衣服，於是有人打着送「米米卡」、發紅包的旗號，在世界頻道、留言板留下聯繫方式，然後通過利誘，向小女孩索要裸照，色情視頻，甚至要求線下見面進行性侵。甚至還有人在遊戲中明目張膽地要包養女孩。

這些小女孩多缺乏性保護意識，很容易被引誘。她們被威脅，不敢告訴家長，甚至被多次威脅傷害。

2017 年，該事件登上微博熱搜，引起了大眾的注意和反感。淘米網絡緊急下架了留言板和傳音花等功能，而此時距離遊戲運營已有 7 年，這 7 年中有多少受害者不得而知。

這樣的遊戲會給多少人帶來一生的痛苦傷痕，這些傷痕多久後才會得到彌補，不得而知。

數字資產的損毀

《星戰前夜》（EVE Online）是由冰島 CCP 所開發的大型多人線上遊戲（見圖 5-2）。遊戲為玩家提供了壯闊而充滿想像力的科幻太空場景，玩家可以駕駛自行改造的船艦在數千個行星系中穿梭、遨遊。行星系中包含行星、衛星、太空站、小行星帶等各種

各樣的物體。通過星門，各個行星系得以連接。

這款遊戲以其龐大的科幻背景、複雜的硬核玩法而聞名，吸引了大量的國內外玩家。

這款遊戲可以說是科幻世界中的元宇宙，摒棄了傳統的以計算機人工智能為基準建立的遊戲設計理念，而把人與人之間的互動提升到了前所未有的高度。設計者以全新的角度設計了遊戲架構，不再設計各種新奇的迷局來挑戰遊戲者，而是將力量集中在建立虛擬世界的運行規則上，同時不斷給遊戲者提供必要的工具，讓他們能夠掌握自己的命運。

在這個遊戲中，人與人之間的交互成為最重要的點。雖然前期非常難，但是上手後，玩家便能夠體會到遊戲的樂趣。這是一款需要投入大量時間和精力以及金錢的遊戲，本意是想要讓玩家在絕對的自由中體驗科幻的世界，進入未來的元宇宙中。在遊戲中，玩家可以自發組織成軍團，軍團的成員可以互相扶持、互相保護，擁有共同財產。

2005 年發生了一件被記入遊戲史的大劫殺事件。在這個虛擬的科幻宇宙中，臥底、敵對雙方上演了一場精彩的無間道，雇傭兵、雇主、臥底、目標，這些本應該只存在於現實中的角色在遊戲中紛紛登場。

故事的主人公是 Ubiqua Seraph 軍團的 CEO Mirial，她和往常一樣，在最信賴的副手陪伴下進行着遊戲，結果卻遭遇了另一個軍團 GHSC 的伏擊。為了能夠贏得這場伏擊，GHSC 花費了一年多的時間，在 Ubiqua Seraph 軍團中安插埋伏了大量間諜，以獲取 Mirial 的信任，並且籌劃了這場大劫殺。

最終，這場劫殺劫掠的 Ubiqua Seraph 軍團財產折合約 16500

美元，也讓 Mirial 自己的賬號蒙受了巨大的損失。根據遊戲規則，這是合法的，並沒有人因此而受到懲罰。

與此同時，在這個遊戲中，互相進行劫殺已經成為司空見慣的事情。很多新手玩家高高興興地建設好自己的飛船後，被別的軍團打得四分五裂，成為廢鐵。

雖然這是發生在元宇宙的事情，但是造成的經濟損失在現實生活中是真實存在的。

當人性的惡與平台的無作為結合在一起的時候，普通原住民的安危和財產安全又該如何得到保證呢？

教唆犯罪

臭名昭著的《藍鯨》就是這樣一款網絡遊戲。

這款俄羅斯遊戲的玩法，就像是遊戲界面上的套索和血紅色的字所展示的那樣殘酷，它被多個國家所禁止，因為它迫害的是玩家的生命。

《藍鯨》可以在多個社交媒體上進行。玩家會被配置給一名「主人」，這個「主人」每天會給玩家佈置一個任務。這些任務包括使用小刀或剃刀在手臂上劃出鯨的圖案、全天觀看恐怖電影，甚至凌晨 4 點就起床。當遊戲進行到第 50 天，「主人」就會命令玩家自殺。

很多青少年參與「藍鯨」遊戲後想退出，但遭受了管理員的威脅。他們擔心管理員會通過 IP 地址鎖定自己和家人，因此被迫帶着恐懼繼續玩下去。

英國《每日鏡報》稱，沒有證據顯示有人在現實中因未將遊戲繼續下去而遭報復，但來自管理員的威脅仍使很多孩子硬着頭皮走上了絕路。

俄羅斯《新報》稱，俄羅斯公共互聯網技術中心追蹤到，僅在一天之內，就有 4000 多名用戶在 Vkontakte 上使用與「藍鯨」遊戲相關的標籤建羣，如「深海鯨羣」「靜謐的房間」以及「4 點 20 叫醒我」，等等。每個羣背後隱藏的玩家數量是難以估計的。

這款遊戲在中國內地也被禁止，但是類似的遊戲還有很多，它們隱藏在不被發現的暗處，危害着缺乏判斷能力的青少年及兒童。

治理模式，依然在求索的路上

在元宇宙中，人們行為規則的社會化屬性，比去中心化的應用中的社會化屬性更為明顯。目前以區塊鏈為基礎的去中心化應用，大多集中在金融、交易等領域。也有人在開發利用區塊鏈技術的遊戲，但是在畫面、可玩性方面，尚無法和 *Roblox*、《堡壘之夜》等大作媲美。

不同元宇宙，不同的阿凡達，不同的人性體現。這些多樣的人生，是在相同的遊戲規則中演化的人生百態。創始者也並非完全是上帝的模樣。遊戲《藍鯨》的開發者，或許就是撒旦在元宇宙中的代表。

當然，我們沒有辦法在元宇宙中建立「政府」，扮演最終裁決

者的角色。以區塊鏈為基礎的社區自治模式，提供了成本低廉的解決方案。但是這個模式不足以應對人性之惡和創世者之惡。對惡的容忍，就是對善的欺凌。從這個意義上講，元宇宙社區自治的模式，依然需要探索前行。在有可行方案之前，需要借鑒電影產業的治理模式。

另外，我們也觀察到，類似邁阿密公寓悖論，在元宇宙中同樣有發生的可能。既然是創世的宇宙，治理體系就同樣在創世之中。

搶佔超大陸

佔超大陸

06

只要我們能把希望的大陸牢牢地裝在心中，風浪就一定會被我們戰勝。——哥倫布

超大陸注定是巨頭的遊戲，也是巨頭之所以成為巨頭的唯一標準。元宇宙中將孕育新的超大陸。最可能的兩個選手，分別是鴻蒙和以太坊。一個軟件萬物生，一個數字萬物生。

超大陸是元宇宙的基礎設施，包括物理層、軟件層、數據層、規則層和應用層。五個層次相互影響，相互促進，共同進化。

當我們暫時離開元宇宙，審視傳統產業升級和數字化轉型，發現它們同樣需要建立自己的超大陸，需要從產業層面去思考企業。它們的超大陸就是生態運營平台——EOP。

天無私覆、地無私載。大地是萬物之母。創世總是伴隨新大陸的發現。盤古開天闢地，輕而清者上升為天，重而濁者下沉為地，盤古與天地同生。近代哥倫布發現的新大陸，為歐洲的擴張奠定了空間基礎。幾個世紀以來世界格局變幻，肇始於大航海時代新大陸的發現。

超大陸是地理名詞，指擁有多個大陸核的地質構造。亞歐大陸是超大陸，擁有亞洲陸核和歐洲陸核，在古老漫長的地質年代中，碰撞融合在一起，形成現代地球的陸洋格局。

在元宇宙中借用超大陸的概念，代指那些提供了元宇宙基本要素的平台，包括數字創造、數字資產、數字交易和數字消費。囊括這四個要素的平台，就是元宇宙的超大陸。超大陸絕非學術名詞，並不嚴謹，但是指出了巨頭爭霸的方向。成為元宇宙霸主的，必定是超大陸的創立者。就像 iOS 之於蘋果，安卓之於谷歌。在應用軟件中，微信是圖文時代的超大陸，抖音則是短視頻時代的超大陸。元宇宙時代，又會誕生新的超大陸。在數字世界中，以太坊最具超大陸特徵。遊戲中，*Roblox* 的平台，可以歸入超大陸的行列。

超大陸的邊緣
就是數字市場的邊界

人們的創造力是無限的，只是缺少合適的舞台。人們的需求同樣是沒有止境的，只是缺少被滿足的工具。

李家有女，人稱子柒

李子柒，一個普通的農家女孩，1990 年出生。因為家庭關係，她十幾歲便開始到城市中漂泊、打工。她露宿過公園的椅子，也曾連續吃了兩個月的饅頭。在做服務員的時候，一個月的工資只有 300 元人民幣。後來她開始學習音樂，找到了一份在酒吧打碟的工作。為了照顧生病的奶奶，她不得不返回家鄉。回到家鄉的那一年，她才剛剛 22 歲。在城市漂泊的 8 年，她就像大多數 M 世代一樣，對於網絡有天生的痴迷。回到家鄉之後，照顧奶奶之餘，如何謀生成了擺在李子柒面前的頭號問題，於是李子柒開起了淘寶店，勉強度日。

為了讓淘寶小店的生意更好做，她從 2015 年開始拍攝一些短視頻，風格以無釐頭、搞笑為主。摸索了一段時間之後，轉而拍攝自己真正拿手的東西，比如做飯。

轉折發生在 2016 年，新浪微博推出了扶持內容原創者計劃，李子柒成為受益者之一。為了拍攝短視頻《蘭州牛肉面》，李子柒特意前往蘭州拜師學習了一個月的拉麵手藝，該視頻的全網播放

量最終突破了 5000 萬，點讚超過 60 萬。

2018 年 1 月，李子柒的原創短視頻在海外運營 3 個月後獲得了視頻平台 YouTube 的白銀創作者獎牌，粉絲數突破 100 萬，她也被國外網友稱為「來自東方的神秘力量」。其發佈的《漢妝》《麪包窯》《芋頭飯》等作品在臉書也獲得了數百萬的播放量；7 月，其創作的短視頻《番茄牛腩湯》播出；8 月 17 日，李子柒的天貓旗艦店正式開業，並推出了五款美食商品；10 月，她的短視頻作品在 YouTube 的訂閱數達到 100 萬，並獲得了燦金創作者獎牌。

2020 年 4 月 29 日，其在 YouTube 平台上的粉絲數量突破 1000 萬，並成了首個粉絲破千萬的中文創作者，李子柒因 1140 萬的 YouTube 訂閱量被列入《吉尼斯世界紀錄大全 2021》，成為「最多訂閱量的 YouTube 中文頻道」的紀錄保持者。

短視頻成就了李子柒，如果沒有微博、YouTube 等平台，李子柒可能到現在也只是一個普普通通的孝順姑娘。

李子柒背後的平台力量

在電視機時代，我們無法想像李子柒的故事。電影幕布上也不會給一個農家姑娘做飯的視頻留出播放時間。正是智能手機的普及、4G 網絡的建設、微博、YouTube、抖音這樣的發佈平台，給了普通人展示自己的舞台。

抖音日活數據峰值達到 7 億，這是李子柒獲得 2.1 億次點讚的基礎。

開放的平台＋用戶的創造，迸發出了不可思議的力量。這個

力量，正在改變世界。

抖音平台上像李子柒這樣的創作者有 2200 萬人，抖音公佈的數據則更為具體。2021 年 3 月 8 日，抖音發佈《2021 抖音女性數據報告》（以下簡稱「報告」）。報告顯示，過去一年，抖音女性用戶發佈了 2135 萬條戀愛視頻，也有 5306 萬條視頻關於工作，直接從平台獲得收入的女性達 1320 萬人。例如，四川創作者「蜀中桃子姐」、寧夏非遺皮雕手藝人喬雪，都是通過抖音開啟新事業的典型代表。

埃森哲調查數據顯示，中國擁有近 4 億年齡在 20 至 60 歲的女性消費者，其每年掌控着高達 10 萬億人民幣的消費支出。

像李子柒這樣的女性創作者，在抖音上有 1300 多萬人，如果把男性也計算在內，這個數字還需要翻倍。

再談數字市場的邊界和限制

在現實的物理世界中，若想構築規模宏大的統一市場，還存在很多制約因素，有硬約束，也有軟約束。

硬約束如道路、橋樑等。連道路都不通的地方，肯定不會產生市場。道路不通，人與人就不能見面，則不會產生商品交換，更遑論交易了。道路的盡頭就是市場的邊界。

軟約束同樣重要。幸好在兩千多年以前，秦始皇就解決了很多軟約束方面的問題，如統一的文字、統一的度量衡、統一的車軌寬度、統一的稅收標準等。軟約束其實就是不斷消減達成交易的成本。

同樣地，在數字世界中，光纖的盡頭就是數字市場的邊界。光纖帶寬與車道有相似之處。不同的帶寬，制約了不同類型的數字市場。在 2G 網絡時代，以視頻為載體的電商，無論如何都是不能發展的。

這就看出了基礎設施的重要性。數字市場，需要大規模的數字化基礎設施的投入。

市場從來都是昂貴的，無論是其建設成本還是保持其正常運營的成本。人類需要進行物品交換，才能維持基本的生活，但是要想讓交換物品變成集市，從集市變成交易中心，則需要付出大量的成本。從農產品到工業品，再到數字產品，需要的市場機制越來越複雜，需要的市場規模越來越大。

通常來看，在物理世界，跨越時空總是得付出交通的成本，這其實是交易成本的一部分。《元史》講道：「百里之內，供二萬人食，運糧者須三千六百人。」這句話的意思是，僅僅百里之內的運輸距離，如果要供給 2 萬人吃飯，光運糧者就需要 3600 人。元朝糧食運輸還是停留在「畜力」階段。以這樣的歷史條件建立大規模的市場，是難以想像的。

現代，經過了以蒸汽機、內燃機為動力的輪船、汽車等運輸工具的革新，才具備建立國際性大市場的基礎條件。

數字世界超越了時空的限制，沒有遠距離運輸之苦，卻增加了技術限制。不同的技術標準、不同的操作系統、不同的運作平台，事實上造成了數字市場的割裂。數字市場的割裂程度，比現實世界的割裂程度有過之而無不及。

不同的電商平台，是自由競爭的結果，但是逼迫品牌商二選一，就是割裂市場的行為。蘋果 App Store 和安卓應用市場，不但

相互割裂，甚至程序不能互通。開發者必須為蘋果和安卓開發不同的應用程序。玩家在遊戲中千辛萬苦獲得裝備，換成另外一個操作系統，所有的數字財產也就歸零了。

造成數字市場割裂的最核心的制約因素，就是平台 —— 提供數字創造、數字資產、數字市場、數字消費能力的基礎設施。我們在多大能力上，建設統一的平台，就能創造多大規模的數字市場。

創新從何而來？

混沌的邊緣往往是創新開始的地方。按照系統論的觀點，創新是「湧現」出來的。人類大腦的想法如潮頭，起伏漲落，無一時之停歇，創新亦如是。湧現、共振、突變是產生創新的機制。

我們很難預測具體的創新，它帶有非常大的偶然性，但是在宏觀上，創新又是可以培育的，當系統中不同要素聚合成本足夠低的時候，創新總是會大概率地湧現出來。從這個意義上來講，創新就是必然的。

因此，培育創新，就是想方設法降低系統中要素聚合、分散的成本，提供統一的平台讓大家用同一種技術語言交互，就是創新的基本要素，或者基礎設施。

一個典型模式就是平台 + UGC，這是釋放個人創造力的最佳模式。蘋果就是藉助這個模式在一夜之間會聚了成千上萬名程序員，為蘋果手機開發應用，迅速在手機功能多樣性方面呈現對諾基亞的碾壓之勢。抖音平台上，所有的視頻都是用戶創造的，其

豐富程度，遠遠超過電影公司花大價錢拍攝的電影。

或許，這就是數字時代的人民戰爭吧。

創建大規模的數字市場，進入瑰麗奇幻的元宇宙世界，需要簡單易用的創造工具，徹底釋放人們的創造力、想像力。需要統一的「平台」，讓人們一次創造，跨「宇宙」通用，把數字產品變成貨真價實的數字資產，需要消除不同市場的技術壁壘，技術要統一、規則要統一。因此，元宇宙的繁榮，同樣依賴基礎設施建設，尤其是數字基礎設施。

元宇宙的新基建 [1]

元宇宙是數字經濟中最活躍、最具代表性的部分，也是數字化的基礎設施發展到一定程度之後的必然產物。推動元宇宙發展，需要新型數字基礎設施。基礎設施的外部性，將會促進物理世界數字經濟發展，加速向數字社會過渡。遊戲展示了元宇宙的雛形，元宇宙展示了數字社會的形態。

元宇宙技術基礎、經濟要素、基本特徵，逐層剖析五層級元宇宙基礎設施模型，建立在以下三個假設之上。

假設一：元宇宙基礎設施具有層次性。基礎設施也是不斷迭代發展的，在不同的發展階段，基礎設施的重點也不盡相同，形成

---

[1] 關於元宇宙「新基建」，借用了筆者參與的國家發改委相關課題成果。人民大學商學院院長毛基業和他的學生也是課題的參與者。這部分論述，保持了課題一貫風格，考慮到保密的需要，做了部分刪減和調整。

了不同的層級。在傳統基礎設施的地基上，某些熱點領域往往會衍生出新型的具有公共品屬性的服務，隨着服務範圍擴大、服務對象增多，這些新型服務成為基礎設施的一部分。對於不同層級的劃分和理解，有利於說明彼此間的關係。因此，劃分基礎設施的層級，對於發現基礎設施的發展規律和政策制定而言至關重要。

假設二：元宇宙基礎設施不僅僅是硬件範疇。例如，微信已經成為大家日常生活的一部分，不僅具備社交功能，而且已經成為商務應用和公共管理的工具（廣東省市民服務的「粵省事」小程序）。海外版抖音成為新的創意和思想傳播的載體。因此，必須緊緊抓住公共品、外部性兩個基本特徵，我們才能定義新型基礎設施的全貌。

假設三：元宇宙基礎設施代表技術融合應用的發展方向。基礎設施往往是多種技術融合形成的創新應用。例如，網約車 App 已經成為人們出行的必備工具，它是在 4G 網絡、電子地圖、定位系統、智能手機都已經廣泛普及的情況下產生的。網約車 App，同樣集成了 LBS（Location Based Service，基於位置的服務）、人工智能、大數據等多方面的技術，成為人們網絡生活的一部分。而 *Roblox* 則需要 3D 引擎、VR 設備、空間計算等技術的融合。

元宇宙五層級基礎設施模型是探索元宇宙整體認知的基石之一，也是數字經濟理論體系的核心組成部分。

數字經濟基礎設施的五層級

元宇宙的基礎設施總共劃分為五層，自下而上依次是物理

層、軟件層、數據層、規則層、應用層（見表6-1）。這五個層級，並不是機械、僵化地劃分，而是基於認識的方法論。物理層側重硬件，軟件層側重廣泛應用的軟件，數據層進一步抽象，是重要的資產和新型生產要素，規則層則強調數字經濟內在運行秩序。這四個層級逐層抽象，相輔相成，成為元宇宙基礎設施的重要組成部分。第五個層級是構建在這四個層級之上的各類應用。尤其需要強調的是，某些應用可以演化成為軟件層、數據層或規則層的基礎設施。

表 6-1　數字經濟基礎設施框架

應用層	Apps	數字貨幣、電子錢包等
	DApps	
規則層	數字治理	監管科技、自組織自管理等
	數字市場	法律法規、行業規則、技術標準等
數據層	數字資產	數字孿生、數聯網（數據互聯互通）等
	數據中心	數字資產交易中心等； 科學數據中心（生物基因數據庫、土壤數據庫……）、數字世界商事、民事數據中心等
軟件層	應用軟件	廣泛使用的應用軟件（如微信）和具備行業壁壘的應用軟件（如 3D 引擎）、EOP 等
	基礎軟件	雲計算、操作系統、數據庫等
物理層	人機交互設備	智能手機、智能眼鏡、VR、觸覺設備、手勢感應裝置、腦機接口
	數字化基礎設施	5G、物聯網、微機電系統、計算中心、邊緣計算中心等

物理層

　　所謂物理層是所有元宇宙基礎設施中的根基，是產生數據、儲存數據、分析數據和應用數據的載體，即裝備和設備。從數字經濟基礎設施的定義來看，它屬於公共品服務，具備外部性、公共性的特點。物理層主要分為三大類：傳統基礎設施數字化、數字化基礎設施和人機交互設備。在元宇宙，我們重點關注數字化基礎設施和人機交互設備兩個子層級。

　　所謂數字化基礎設施指的是各類電子設備，比如 5G、物聯網、微機電系統、計算中心、邊緣計算中心等。5G 是數字化基礎設施的重要組成部分，為元宇宙、工業互聯網、人工智能、遠程醫療等中國重點發展的新興產業提供通信管道支撐，5G 與傳統產業深度融合，也將催生更多新產業、新業態和新模式。5G 建設的內容包括但不限於以下四類：一、機房、供電、鐵塔、管線等設施的升級、改造和儲備。二、5G 基站、核心網、傳輸等基礎網絡設備的研發與部署。三、5G 新型雲化業務應用平台的部署，與新業務及各種垂直行業應用的協同。四、圍繞 5G 的工業互聯網新型先進製造網絡環境，包括物聯網雲、網、端等新型基礎設施，圍繞車聯網的車、路、網協同的基礎設施等。根據賽迪智庫電子信息研究所《「新基建」發展白皮書》，由 5G 帶動的虛擬現實、雲端辦公、高清視頻等行業應用市場規模將快速上升，預計 2025 年 5G 全產業鏈投資將超過 5 萬億元，為中國搶佔全球新一代信息技術制高點奠定堅實的基礎。

　　對於社會整體層面而言，物理層的建設形成了新型基礎設施，是建立數字經濟基礎設施的第一步，同時是最為基礎的根基層建設。

人機交互設備，是人類進入元宇宙的直接介質，包括智能手機、智能眼鏡、VR、觸覺設備、手勢感應裝置、腦機接口等，一些新的設備也都在緊鑼密鼓地推進中。智能手機普及率已經達到高峰；VR等新型的設備進一步走向成熟，迎來爆發式的增長期；腦機接口是最具科幻色彩的人機交互界面，尚處在原型驗證階段。

軟件層

　　基於物理層之上的軟件層則是加工、處理、分析數據的主體，包括兩個子層級，一個是基礎軟件，另一個是應用軟件。基礎軟件指凡是具備大規模應用，具備行業公共屬性的軟件系統，包含操作系統、數據庫、雲計算系統、泛在操作系統等，是在新一代信息技術支撐下圍繞數字經濟各領域、各節點構建的智慧服務平台或系統，具備全面感知、泛在互聯、高效應變、靈活處理的特性。應用軟件指個體或機構可以使用的各種程序設計語言編製的應用程序的集合，既包括即時通信軟件（如微信）和具備行業壁壘的應用軟件（如計算機輔助設計、計算機輔助工程、產品數據管理），也包括跨越地域、層級、組織、部門的社會協同平台（如工業運行自動控制系統、生態運營平台），比如 EOP（Ecosystem Operation Platform，生態運營平台）面向個人的微信、面向企業的 ERP 等都屬於應用軟件範疇。另一個比較典型的例子是目前中國特別短缺的輔助設計軟件、設計芯片的軟件、設計飛機的軟件等，這與設計的模塊數據緊密相關，不僅具有設計功能，還具有仿真運算能力，是很重要的生產力工具。應用軟件如同「橋樑」，是連接數

字經濟基礎設施物理層和現實應用場景的關鍵環節，通過佈局應用軟件提升數字化能力，將成為提升企業數字化管理能力、提升智能製造過程管控水平、提升政務系統協同治理效率的關鍵底層支撐。

科技型企業，尤其是製作通用的軟件，如用友、金山、農信互聯、阿里雲等都是軟件層的重要建設者，從應用型企業的角度來講，越來越多的企業有搭建自己的應用平台的需求，將數據變成公司資產，充分發揮數據的作用，這是一個明顯的趨勢。從行業層面來講，每個行業都會形成 EOP，形成一個生態運營平台，能控制這個運營平台的企業基本上就能控制這個行業。從宏觀社會層面來講，正所謂「軟件定義世界，軟件定義一切」，軟件無所不能、無所不在，數字化技術支持下的軟件的應用對於社會各個領域都將具有重大改進。

數據層

物理層和軟件層都會產生數據要素，這裏將數據層單獨剝離出來，它脫離軟件層獨立存在。數字經濟新型基礎設施數據層包括數字孿生、數聯網及各類大數據中心，重點解決數據互聯互通的問題。

數字孿生是指依據實體對象的物理特性，創造出一個數字化的「克隆體」，其意義在於動態復現實體的歷史狀態、實時數據和外部環境，能夠突破實體在空間和時間上的限制進行高度仿真的實驗，未來將重點應用於大型工程的動態設計。例如，最早美國

國家航空航天局使用數字孿生對空間飛行器進行仿真分析、檢測和預測，輔助地面管控人員進行決策。Michael Grieves 教授和西門子公司主要使用數字孿生進行產品數據的全生命週期管理。利用數字孿生還可以對產品設計、產品功能、產品性能、加工工藝、維修維護等進行仿真分析。以歐特克公司為代表的工程建設類軟件供應商將數字孿生技術應用於建築、工廠、基礎設施等建設領域，把建築和基礎設施看作產品進行全生命週期的管理。北京航空航天大學的陶飛等人從車間組成的角度先給出了車間數字孿生的定義，然後提出了車間數字孿生的組成，主要包括物理車間、虛擬車間、車間服務系統、車間孿生數據。除此之外，數字孿生在智慧城市建設上也起到了至關重要的作用，利用道路全息掃描數據建立與現實交通相對應的數字交通孿生體，將助力城市的精細化管理。

數聯網是國家大數據戰略總體工程的基礎性示範項目，通過數據標識、挖掘、深度學習等算法和技術，發現物理空間中潛在的聯繫，從而反作用於物理空間、改善物理空間，滿足大數據在國家安全、社會治理、經濟發展等方面的應用需求。在數聯網裏，由於彼此間傳輸的是標準數據，應用開發模式將發生很大變化，很多個性化大數據應用將出現，不僅為開發者帶來利潤，也為使用者帶來極大的便利。互聯網提供基礎平台，數聯網提供應用。互聯網是基礎平台，提供基本的通道功能，而數聯網要提供加工好的各種數據，提供標準訪問總線，實現傳輸，便於應用共享。數據將以數字孿生或數聯網的形式投入現實應用場景，進一步促進雲計算、物聯網等相關產業的聯動，預計 2025 年將帶動市場規模超過 3.5 萬億元，成為產業邊界拓展與融合的催化劑和推動現代服

務業變革升級的助推器。

隨着區塊鏈技術逐漸發展成為數字經濟的核心技術，依託區塊鏈技術推行資產數字化改革勢在必行。區塊鏈憑藉公信、公開、透明等優勢，成為數字貨幣的底層技術，給支付行業帶來深刻變革。數字資產交易如火如荼，而數字資產交易中心是實現數字資產交易的底層平台，將以虛擬電子形式存在的各類數據進行統籌管理，其本質上是大量數據信息的匯集與存儲。數字資產交易中心可以利用區塊鏈技術將股權變得「碎片化」，極大降低了高科技企業的融資門檻，讓大眾參與分享高科技企業融資的成果。與此同時，各類大數據中心匯聚了科研領域、政商民生領域和產業領域的海量垂直數據，解決的是數據的儲存問題。生物基因、科學實驗等數據都是重要的生產要素。根據工信部《全國數據中心應用發展指引》，數據中心機架規模保持 33.4% 的增速，到 2022 年將新增 220 萬個機架，預計新增直接投資 1.5 萬億元。除了政府層面外，個人、企業等都有自己的數據中心，這些數據中心保證了數據的存儲，並為數據的應用提供原始要素。

數據層在社會層面需要關注數據治理和數據安全問題，原因主要有兩點：一方面，很多互聯網公司霸權，獨享數據，導致小企業發展受限，如此一來大型互聯網公司的權力將越來越大，這就形成了數據黑洞。怎麼樣去平衡，使各公司都獲得均等使用數據的權利是一個值得討論的話題。另一方面，數據集中之後，數據安全問題就很明顯，數據不集中時，獲取全部數據可能比較困難，只能收集到單一數據；但是數據一旦集中，只要攻破一個點，全部數據都將受到威脅，如何保證數據的安全性也是一個重要問題。

規則層

　　要想讓數據真正落地應用，必須建立一系列的規則，構建完善的監管體系。從數字市場角度來說，必須針對數字化的交易建立一套新的規則，保證市場有效運行。從系統論的角度來看，萬物之間存在聯繫，而哪些聯繫需要加強、哪些聯繫需要削弱，則需要通過規則的建立來確定。數字經濟基礎設施的規則層大體可以分為約束環境與數字監管兩大內容。所謂約束環境指由政府、行業協會、大型企業等制定的法律法規、行業規則、技術標準、規章等一系列從硬到軟的制度，為數字經濟有序、高效運行提供制度保障環境。其中一些規則可能會直接影響到某些行業的發展，如微信訂閱號規則的變化，可能直接導致以微信為中心的生態的變化。數字監管則是保證規則充分落地的制度手段，同時是保證數字市場自由的重要基礎。沒有充分的監管則沒有自由市場，即使數字監管作為公共服務沒有任何經濟價值，它也是保障其他人按照規則獲得合法、合規經濟收益的手段，政府也應該並且必須大力發展數字監管，保證數字市場有序運行。

　　數字經濟時代的規則與以往規則存在明顯不同。首先，實物資源是不可分割、無法共享的，確權相對容易，而數據資源可以無限共享，共享之後自己仍然擁有，邊界確權與保護是需要重點考慮的問題。其次，規則建立的主題也有所不同，計劃經濟中的規則都是由政府制定的；傳統市場中的規則是由行業協會或自治組織制定；而數字市場中很多規則由社區來制定，社區作為一個越來越重要的主體被提出來，也可以成為規則的制定者。最後，數字市場規則能夠有效解決傳統市場失靈問題。傳統市場的失靈

現象，一部分原因是一些市場主體具備了破壞規則的能力，規則被破壞後便無法保證公平，而在數字經濟中很多規則可以通過程序實現，即「Code is Law」。例如，通過「智能合約」在程序中體現一些交易的具體玩法，這些規則是不可修改的，可以有效避免傳統市場中不公平現象的發生。

在數字市場中，規則的制定可能引發主導權之爭。從微觀層面來看，規則代表利益，各大參與主體爭奪規則制定權，最大化自身利益的戰爭始終沒有停歇。例如，手機硬件設施廠商與微信等軟件公司的規則制定權爭奪戰，直接關係到利益的歸屬。從宏觀層面來看，如何通過規則制定引導數字市場的發展方向，如何制定規則才能最大限度發揮數據價值，是國家政策應該考慮的問題。規則層的建立能夠保證數字經濟基礎設施體系正常運行與運轉，讓數據在規則下真正產生價值，保證數字市場穩定、有序、高效運行，服務於社會經濟發展和社會福祉提升，衍生出更大的經濟效益，推動供給側改革和中國經濟轉型升級。總體來說，在數字市場環境的規則制定中，應該考慮的問題是：由誰制定政策？制定怎樣的政策？政策如何執行？

從科技型企業的角度來看，規則層是大型公司、標準組織的領地，而規則層的重點在應用型企業，可以通過它們的數據制定行業新規則，這樣就使得行業邊界發生了變化，遵守這個規則的其他企業就會成為制定規則的行業的一部分。例如，比特幣錢包，軟件製作公司制定了規則，用戶只要下載使用比特幣錢包，就相當於遵守了它的規則，就會成為它生態的一部分，用戶從中獲得收益，也向它做了貢獻。因此，規則將重新定義行業邊界，成為新的生態。從宏觀社會層面，應該考慮的是數據倫理問題，即數據

規則到底以甚麼標準來制定？對於行業來講，制定規則是為了促進產業發展，但是產業發展了以後，是否會對社會發展造成損害，是值得深入思考的一個問題。

應用層

基於上述四個層級的基礎鋪墊，數字經濟基礎設施應用層呈現百花齊放的態勢，各種移動端應用程序、去中心化應用等將在各個行業、各個領域乃至社會生活的各個角落深刻改變生產生活方式，對經濟發展產生深遠影響（見表 6-2）。未來會聚集一批具備示範效應的應用加以推廣。

表 6-2　五層級模式在不同領域的側重點

層級	科技型企業	應用型企業	涉及行業	社會意義
應用層	提供各類應用軟件	面向業務，隨需而變	百花齊放，數據統一	百花齊放
規則層	大型公司、標準組織的領地	立足自有的數據資產，立足自研平台的優勢，事實上具備制定行業規則的能力	行業邊界因規則而變。只要遵循同樣的規則，就可以成為行業的一部分	數據倫理
數據層	BBD、TD 等新興的公司，在這個領域創業	應用型企業的最大優勢，就是擁有數據資產。這也是需要自己研發平台的原因	行業數據有集中的趨勢。未來是具備整合行業數據能力的公司，具有領先優勢	數據治理與數據安全

層級	科技型企業	應用型企業	涉及行業	社會意義
軟件層	用友、金山、農信互聯、阿里雲等是軟件層的重要建設者	這裏有一個明顯的趨勢，就是應用型企業，越來越需要研發自己的平台	每個行業都會形成EOP，誰擁有EOP誰將控制整個行業	軟件定義世界
物理層	提供數字化的基礎設施，推動基礎設施的數字化。像華為、中國電子、浪潮、曙光、中芯國際等科技公司，是這一層的建設者	大部分企業是不需要關注這一層級的。視之為工具，按需付費即可	傳統基礎設施的數字化，這是行業中龍頭企業數字化轉型的重要方向	新型基礎設施

　　更重要的是，一些基於四個基礎層培育出的應用軟件，成為新型基礎設施的一部分。例如，央行正在試點的 DC/EP，從用戶使用視角來看，無非在智能手機上安裝了數字錢包，在數字錢包中存放 DC/EP。但當數字錢包大範圍推廣開來的時候，其外部性和公共品服務的性質就凸顯出來，從而成為新型基礎設施的一部分。未來又會有很多其他應用，基於數字錢包開發出來。如此循環往復。數字經濟的新型基礎設施，就在不斷循環往復中持續升級。

　　應用層將以新一代信息技術如區塊鏈、大數據、互聯網為突破口，與實體產業深度融合，實現「區塊鏈＋」「大數據＋」「互聯網＋」「AI＋」的應用落地。例如，在「AI＋金融」的模式下，憑藉開放的技術平台、穩定的獲客渠道、持續不斷的創新活動，金融機構將自身的資源優勢與互聯網科技公司的技術優勢相結合，創造了一種全新的價值鏈創造模式，不僅提高了客戶使用效率與客戶對服務的滿意度，還顛覆了原有的商業邏輯，促使雙方價值資源共

享，逐漸形成了「互聯網＋金融」的行業生態與市場格局。在此基礎上，各技術提供方以基礎設施、流量變現、增值服務等環節為中心，形成了差異化的服務能力，構建了多元化的盈利模式，創造了一個新型的藍海市場，利用長尾效應為行業創造了巨大的價值。再如，「AI＋交通」的無人駕駛技術的未來，「大數據＋營銷」對於數字營銷新格局的重塑等，都是在物理層、軟件層、數據層、規則層基礎設施上的應用層實例。

在這一層級上，科技型企業將提供各類應用軟件，應用型企業則面向業務，滿足自身特有的需求，充分發揮數字經濟基礎設施的強大能量，解決企業的實際業務問題，讓基礎設施建設真正落地。從宏觀角度上看，應用的種類千變萬化，但萬變不離其宗。

元宇宙基礎設施五層級模型的關係、作用與實例

五層級的關係

元宇宙基礎設施是逐層建設的，隨着層級的上升，從硬件到軟件越來越抽象，底層為上層建設的基礎，上層為底層建設的目標，這樣層層搭建起來，最終形成應用層百花齊放的局面。元宇宙基礎設施物理層的建設是基礎設施體系形成的基石，是實現元宇宙基礎設施建設目標的最底層架構；軟件層的建設是在物理層基礎上的系統搭建，軟件脫離硬件單獨存在，作為獨立對象能夠有效發揮軟件的真正作用，無論是應用軟件還是基礎軟件，都致力於最大限度地發揮物理層基礎設施在現實應用場景中的作用；

數據層的建設，是在物理層、軟件層的基礎上將數據單獨剝離出來形成資產，保證數據互聯互通，充分發揮價值；正所謂沒有監督的自由不是真正意義上的自由，缺乏監管體系，數據必然亂象叢生，個人隱私、安全等問題將會層出不窮，數據必須制定一系列的監管規則才能使其真正發揮價值，數字經濟基礎設施規則層的建設目標就在於此。數字經濟基礎設施應用層的建設是基於前四個層級的具體應用場景數字化，是企業數字化轉型在具體業務層面的展現，也是數字市場中不同行業應用的百花齊放。隨着不斷發展，一些在應用層的 App 也可能形成公共屬性，轉變為基礎設施，如微信、抖音、微博等。

元宇宙基礎設施對於傳統產業數字化轉型的意義

對應前面章節提到過的企業數字化轉型及數字市場相關問題，元宇宙基礎設施各層級所發揮的作用各有側重。

在企業數字化轉型過程中，觀念、認知的轉換是首要問題。物理層的搭建對於企業數字化理念的形成、高管認知的轉換起到了一定的作用，因為有了這些看得見摸得着的基礎設施，企業數字化轉型才具備了工具和抓手，也使高管認識到數字化轉型不再是空談，而是一個真正可以進行實踐的重要戰略。此外，數據作為一項數字經濟時代關鍵的生產要素，對於企業而言至關重要，高層管理者認識到將數據打通，防止信息孤島，建立數據資產的重要性，是企業數字化轉型的成功關鍵。因此，數據層的建設也是改變認知非常關鍵的一環。

數字化轉型的另一個重要問題是如何實現組織變革。對於企業而言，基礎軟件的建設有利於提高數字化技術水平，應用軟件

的建設則進一步從應用維度上改變原有組織固有模式，克服組織惰性，實現組織變革，為數字化轉型提供能量。與此同時，數據對於打破原有金字塔式、科層制組織架構，建立數字經濟時代更為適合的扁平化、網絡化組織，成為以客戶為導向的組織，優化資源配置也具有關鍵作用。企業擁有數據，是數字經濟時代形成競爭優勢的強大動力，也是數字化轉型的關鍵成功要素。

在數字市場中，元宇宙基礎設施建設有利於市場與計劃的統一。數據層、規則層的建設有利於實現這一目標。傳統市場中由於數據的缺乏導致市場經濟與計劃經濟存在二元現象，計劃與市場完全割裂，而數字市場中由於數據作為基礎設施出現，將有助於實現資源合理配置，將基於要素市場總量的調控融入市場經濟中，實現計劃與市場的統一。規則層的建立使得政府在利用數據進行調控時數據的真實性有所保障，有效解決了傳統市場監管缺位的問題，是實現市場與計劃統一必不可少的一環。

元宇宙基礎設施的建設可以有效解決傳統市場信息不對稱的問題。數據資產的公共品外部屬性使得數字市場中信息高度對稱，有效解決了傳統市場的道德風險問題、不透明造成的供需失衡問題及認知不足導致的市場失靈問題。此外，規則層數字監管與約束環境的建立使得監管具備科學性、合理性、可行性，有效助力數字市場實現行為與信用的統一、監管與自由的統一。

在數字市場中，物理層、軟件層、數據層基礎設施的建設有利於生產與消費的統一。要想實現生產與消費的統一，就需要獲取消費者數據，了解消費情況。物理層智能終端等是獲取消費者數據的重要手段，也是後續數據存儲、分析，為生產提供決策依據的基礎。如果說物理層建設的作用是獲取數據，那麼軟件層的建

設則可以有效存儲海量數據，並實現快速調用。數據庫對消費數據進行統一維護，為數據分析產生價值提供保障。數據也將支持消費和生產決策，通過分析消費數據，合理制定生產方案，有助於實現消費，引導生產，優化資源配置。

最後，數字市場中的交易成本能夠維持趨近於零的狀態，有賴於物理層、軟件層、數據層、規則層基礎設施共同發揮作用。物理層中，5G 等基礎設施的建設是信息高速、高效、不受空間限制傳輸的重要保障。軟件層中，生態運營平台的建立也為數據提高透明度與流通度，實現信息對稱提供了環境，從而降低數字市場交易成本。數據層中，數據流在數字市場中具備透明化特徵，如數聯網的建立使萬物互聯互通，數據完全打通，避免信息孤島的產生，避免了產業隔閡，是使數字市場交易成本能夠維持在較低水平的關鍵。除此之外，規則層也是數字市場降低交易成本的關鍵一環，公信、公開、透明、去中心化、點對點傳輸等新型交易手段的特徵使信息高度透明、流通效率大大提高，同時有效解決了信任風險問題，從多個維度上降低了數字市場交易成本。

兩個超大陸
——鴻蒙和以太坊

鴻蒙系統代表了廣泛的硬件和軟件之間的統一平台，並不僅僅因為鴻蒙是國人主導的操作系統，更重要的是它是歷史上首個跨硬件平台的操作系統。以太坊代表軟件和數據之間的統一平台，

真正鋪就了通往純粹的數字世界的道路。這個完全以數據為基礎的世界，正在以難以置信的方式影響物理世界。

元宇宙是構建在鴻蒙和以太坊築牢的地基之上的。人類豐富的精神世界，正是藉助「超大陸」的統一技術和標準，才能擺脫物理世界的限制，在元宇宙中自由綻放。

鴻蒙，軟件萬物生

最早讓操作系統在千家萬戶中普及的是美國微軟公司，它從誕生到現在，一直牢牢佔據 PC 機操作系統市場，市場份額高到一度令蘋果公司絕望。微軟為了免予壟斷的指責，主動注資蘋果公司，保持蘋果系統在 PC 機市場可憐的存在。三十年河東三十年河西，現在蘋果藉助 iOS 操作系統，以一己之力幾乎壟斷了高端手機市場。在手機操作系統的競爭中，微軟落敗，取而代之的是蘋果和谷歌公司兩家爭雄。

蘋果的 iOS 和谷歌的安卓系統，這兩家公司的系統幾乎佔據了智能手機 100% 的市場份額。誰能打破這種令人窒息的局面呢？華為的鴻蒙系統橫空出世，把 iOS 和安卓系統壟斷的鐵幕撕開一角。

嚴格意義上來講，鴻蒙並不是為了和安卓系統、iOS 競爭而生的，而是為了解決越來越多的智能硬件如何高效率互聯互通的問題。這些智能硬件，大到智能汽車，小到智能耳機、手環，當然也包括使用量最大的智能手機。

這個目標是遠遠超越 iOS 和安卓系統的。iOS 和安卓系統只

能用在智能手機上。僅蘋果一家就不得不維護兩套操作系統，一個是 iOS 支持蘋果的智能手機、平板，另一個是 MacOS 支持蘋果的個人計算機。在華為的世界中，PC 機、電視機、平板計算機、智能汽車、手錶、VR 眼鏡、音響、耳機，甚至攝像頭、掃地機、智能秤、微波爐、豆漿機、冰箱等都可以使用鴻蒙系統。一套系統支持所有硬件設備。

這個願景真是太誘人了，一下子就把程序員的創造力極大地激發出來。

對開發者而言，再也不用擔心不同的硬件需要不同的指令，甚至需要開發多套程序來適配。鴻蒙首先就是一個數字創造的工具。鴻蒙設計理念的領先性已經遠遠超過目前所有商用的操作系統。只有谷歌的 Fuchsia 系統可以與之媲美，但是 Fuchsia 系統未能投入使用。

微軟發佈了 Windows 11 系統，在業界並沒有引起廣泛的關注，相反大家倒是津津樂道 Windows 11 可以支持安卓系統上的應用。微軟也向着 PC 和手機融合的方向邁進了一大步。但遺憾的是，這僅僅是手機和 PC 的融合。顯而易見，未來是多終端、多場景、多硬件的時代，單單把 PC 和手機融合已經滿足不了產業發展的需要。Windows 11 在發佈之初，就已經落後於鴻蒙了。

無論元宇宙採用甚麼技術支持元宇宙的軟件，必須運行在操作系統之上。作為世界上首個着眼於硬件互聯的操作系統，鴻蒙一定是元宇宙的超大陸。

以太坊，數字萬物生

關於區塊鏈和以太坊的圖書，可謂汗牛充棟。但是其理念之新、哲學思考之深、技術實現之簡，都令人歎為觀止。如果說鴻蒙是集合眾智集團衝鋒的豐碑，以太坊就是 V 神個人才華充分揮灑的神跡。

在數字世界中，無論我們做甚麼操作，最後總是反映在數據狀態的改變上。數據狀態，是數字萬物的起點，也是數字萬物的終點。改變了數字狀態，也就改變了數字萬物。無論是數字創造，還是數字市場，都是如此。以太坊實現了改變數據狀態的去中心化可編程通用計算，關鍵詞是去中心化。

改變數據狀態，在中心化的系統中非常容易。我們以上一章提到的電影產業為例。一部電影，總共賣了多少張票？票數就可以看作電影的一個狀態。只要賣一張票，票數就加一，這個操作非常簡單。但是如果票房作假怎麼辦？譬如電影院現場賣票，賣完票並沒有修改票數的「狀態」（沒有執行加一操作），這就造成票數和收到的錢數不符的情況，因為有些賣出去的票沒有記賬，這就是偷票房。這種行為顯然對影院有利，但是損害了電影製作方及發行方的利益。

中心化的賣票系統，要有人監督才行。最終解決方案是成立電影票房的監管機構，履行監管的責任。

成立監管部門的成本是非常高昂的，最終由全行業承擔，增加了市場的交易成本。在數字世界中無法成立監管部門，因此如何杜絕記賬節點做假賬，隨意修改數據狀態，就是必須解決的一個問題。

好在這個問題在區塊鏈 1.0 時代就有了行之有效的解決方案。通過算力證明的共識機制，確保即使沒有中心化的記賬監管機構，也能確保記賬工作被正確記錄，並且不可篡改（見圖 6-1）。

圖 6-1　從區塊鏈 1.0 到區塊鏈 2.0（圖片來源：國盛證券研究所）

以太坊更進一步。比特幣的記賬僅僅是記錄交易信息，但是以太坊的記賬可以記錄任何想記的信息，並且可以通過編程來實現，而且繼承和發揚了去中心化共識機制（見圖 6-2）。

自從 2009 年比特幣上線以來，區塊鏈世界發展迅速，尤其是以太坊。搭建了去中心化的通用計算平台後，各種去中心化應用層出不窮，最具代表性的是 DeFi 和 NFT。

比特幣證實了在數字世界實現點對點貨幣支付的可行性。以太坊進一步證實，點對點的任何數字世界的行為都是可行的，都可以無須藉助第三方實現零信任背景下的可信交易。這就為數字世界建立了基礎的交易規則、行為規則，從而衍生出各種各樣的應用，形成了區塊鏈的元宇宙。

去中心化賬本

去中心化計算平台

去中心化應用
(DApp)

去中心化金融
(DeFi)

虛擬作品
資產化
(NFT)

虛擬時空
(元宇宙)
至今

2009年

圖 6-2　區塊鏈的發展：從去中心化賬本到去中心化元宇宙

（圖片來源：國盛證券研究所）

DeFi

　　中本聰設計比特幣的初衷就是擺脫銀行的中心化地位，實現點對點的支付。毫無疑問，比特幣實現了這個目標。從以太坊衍生出的 DeFi，所謂去中心化的金融，在點對點支付的基礎上，衍生出各類金融業務。顯而易見，在這類金融業務中，是沒有傳統金融機構的身影的。DeFi 業務領域涉及穩定幣、借貸、交易所、衍生品、基金管理、彩票、支付、保險等。這只是粗略的分類，這些業務又可以像積木塊一樣相互疊加，衍生出新的金融產品。

　　這些金融業務在物理世界恐怕難以理解。大國和小國面對去中心化應用心態各異。中國正在全力收緊比特幣挖礦行業，限制比特幣的交易和炒作。與此同時，南美小國薩爾瓦多宣佈將比特

幣作為它們國家的法定貨幣。

於中國而言，不經過銀行的跨國轉賬無疑是轉移資產的便利手段。在中美競爭態勢之下，不受節制的轉移資產通道，是不能容忍的。相信很多人都沒有聽說過薩爾瓦多這個國家，該國面積2萬多平方千米，人口600多萬，與中國省會城市相比，估計也要排到中游靠後的位置。在美元的衝擊之下，它幾乎喪失了貨幣主權，宣佈將比特幣作為法定貨幣至少可以抵禦美元通脹。

元宇宙為DeFi提供了豐富的應用場景。譬如7月3日，鏈遊The Sandbox上的一塊24cm×24cm的虛擬地產拍賣成交價為364萬美元，創歷史新高。此前，The Sandbox上虛擬地產最高成交價為65萬美元。

傳統的金融機構無法為遊戲中的虛擬地產拍賣提供任何幫助，這就給了DeFi大顯身手的舞台（見表6-3）。

表6-3 傳統金融 VS 去中心化金融

（資料來源：國盛證券研究所）

	傳統金融	去中心化金融（DeFi）
支付和清算系統	跨國匯款需要通過各國銀行間流轉和幾個工作日才能完成，並涉及大量手續費、匯款證明、反洗錢法律、隱私等問題	將加密貨幣轉移到全球任何一個賬戶僅需花費15秒到5分鐘的時間，以及支付一筆很少的手續費
可獲取性	截至2017年，全球有17億人口沒有銀行賬戶，主要由於貧窮、地理位置和信任的原因	訪問DApp只需要擁有能夠接入互聯網的手機，在17億無銀行賬戶的人羣中，2/3擁有手機
中心化和透明度	權力和資金集中在傳統金融機構手中（如銀行），機構可能面臨倒閉的風險且普通投資者無法了解具體運作	建立在公鏈上的DeFi協議大都是開源的，便於審計和提升透明度

NFT

　　NFT 是一種非同質化資產，不可分割且獨一無二。非同質化資產的特點在於不能進行分割，且並不是完全相同的，恰恰現實世界和虛擬世界中的大部分資產都是非同質化的。NFT 能夠映射虛擬物品，成為虛擬物品的交易實體，從而使虛擬物品資產化。人們可以把任意的數據內容通過鏈接進行鏈上映射，使 NFT 成為數據內容的資產性「實體」，從而實現數據內容的價值流轉。映射數字資產之後，裝備、裝飾、土地產權都有了可交易的實體。

　　NFT 對於構建元宇宙而言意義重大。有了 NFT 機制，玩家在遊戲中購置的各類裝備、創造的各類物品，都具備了資產的意義，可以用來交易，而且明碼標價。在傳統模式下，像遊戲裝備和遊戲「皮膚」，其本質是一種服務而非資產，它們既不限量，生產成本也趨於零。運營者通常將遊戲物品作為服務內容銷售給用戶而非資產，創作平台也是如此，用戶使用他人的作品時需要支付指定的費用。NFT 的存在改變了傳統虛擬商品交易模式，用戶創作者可以直接生產虛擬商品，交易虛擬商品，就如同在現實世界的生產一般。NFT 可以脫離遊戲平台，用戶之間也可以自由交易相關 NFT 資產。

　　在元宇宙還處於混沌鴻蒙的階段，很難通過在元宇宙中建立權威的中心化組織來規範元宇宙中的經濟行為。*Roblox* 算是開了一個先河。*Roblox* 並沒有採用去中心化機制實現交易行為，但是 *Roblox* 必須自己小心謹慎地維護 Robux 幣與美元之間「匯率」的穩定。穩定的匯率有助於 *Roblox* 生態的繁榮。不同的 *Roblox* 之間如何才能交換數字資產呢？這是 *Roblox* 本身所不能解決的。

以太坊奠定元宇宙的經濟機制，元宇宙提供以太坊豐富的應用場景。二者相得益彰，相互促進。

傳統產業的超大陸──EOP

我們在談論元宇宙，並不是僅僅為了炒作概念，而是清晰地展現了傳統產業數字化轉型後的最終形態，只是現階段以可視化、遊戲化的方式呈現而已。至少在元宇宙理念中，傳統產業首先需要補上的一課就是建立全行業的統一平台。這個平台中應該包括數字創造內容、在線數字市場和必要的金融支付手段。傳統的產業中，製造是非常核心的組成部分，相比之下，遊戲中的創造的的確確就是遊戲。因此，傳統產業的統一平台，在製造環節的體現，往往是管理系統。

甚麼是 EOP？

產業生態是數字經濟的基本單元，構成這個基本單元的是熙熙攘攘的各類交易，以及圍繞這些交易衍生的各類「關係」，比如支付、借貸、物流、供應鏈管理，乃至生產單元的管理。到底是甚麼承載了這些交易，實現了這些「關係」，從而讓產業生態呈現整體性特徵？這就是 EOP 這個概念產生的背景。

產業生態各類生產、流通、金融、消費單元都應該運行在統

一的信息系統之上，以生態契約為基礎，以跨行業業務流程為導向，以促進產業生態整體效率提升和總體成本下降為目標。這個統一的綜合性運用了互聯網、大數據、人工智能等技術的「信息系統」就是EOP，它會成為數字經濟的基礎設施的組成部分。

這個E跟過去的E不一樣，這個E是生態的E（Ecosystem），ERP的E是企業（Enterprise）的概念，這就把範圍擴大了。EOP是互相有關聯的企業聯結在一起。過去是聯結內部系統，現在是聯結外部系統。O是運營（Operation）的意思，ERP的重點還是在於管理，其核心為企業管理系統，而運營則更多講的是創造收益的過程，是怎麼樣把客戶、資源、機會、市場的作用發揮得更好。過去ERP的P是計劃（Plan）的意思，EOP的P是平台（Platform）的意思，其含義更廣。EOP是通過運營的手段把產業資源、企業聯結在一起，提供給大家的是開展業務的平台。

EOP和ERP的具體差異是甚麼呢？一、關注的範圍不一樣。過去關注的是企業內部，現在關注的是行業生態鏈中的企業。二、目標不一樣。過去是提高管理效益，降低管理成本，現在是提供市場機會，擴大收入範圍，更加Open（開放），「O」既有開放的意思，又有運營的意思，我們應該向外而強，而不是向內而生。三、ERP以流程作為很重要的管理手段，過去經常講BPR（業務流程再造），現在是生態整合。BPR只是企業內部的流程重組，而生態整合是不同行業之間的流程重組的問題，範圍更廣，難度更大。

商業模式的不同，可以說是顛覆性的變化。EOP作為整個產業生態的運營支持系統，與ERP作為整個企業的管理信息系統從軟件屬性上而言是一致的；但是ERP的商業模式，是把ERP軟件

「賣」給客戶，ERP 和客戶之間是甲乙雙方的供求關係。

EOP 則不同，EOP 用戶不需要「購買」EOP 軟件，只是在業務需要的時候「租」用就好，而且在大多數情況下「租」金是「0」。EOP 的提供者與 EOP 的使用者，不再是以前甲乙方之間的「供求」關係，而是形成了一起開拓業務的「共同體」。EOP 與 EOP 用戶形成的「業務拓展共同體」，是建立起穩固的產業生態大廈的基石。

從商業模式上看，ERP 本身是商品，但 EOP 提供的「服務」是商品。從軟件到服務是一個跨越式的巨大變化，是商業模式的質變。這是新模式與舊模式、新經濟與舊經濟的分水嶺。ERP 公司如果能夠完成這個跨越，無疑將涅槃重生；如果不能，必將折戟沉沙。

ERP 與 EOP 之間更重要的差異，是兩者承擔的使命不同。EOP 面向整個產業生態繁榮，ERP 的目標則是企業管理有序。這就決定了兩者在價值觀、文化、理念、能力結構、知識結構等方面都有根本性的不同。從某種意義上說，EOP 承擔了發展數字經濟的使命，同時為數字經濟重組產業提供了方法論和工具集。

從企業層面來看，EOP 把大量異質性企業聯結在一起，形成互生、共生乃至再生的價值循環體系。從行業層面來看，EOP 把不同的行業，尤其是把第三產業和第一產業、第二產業融合在一起，是一種產業融合機制。從社會協同層面來看，EOP 也是不同的「經濟主體」跨越地域、時間、行業的限制所形成的一個社會協同平台。

從這個意義上講，EOP 不再是簡單的軟件平台，而是和用戶完全融合在一起的完整的經營思想的載體。EOP 公司並非通過

EOP 本身盈利，而是在推動用戶業務發展的過程中，通過獲得各種服務的「佣金」和「租金」來實現收益。

以 EOP 為基礎，利用數字重組產業

數字重組產業是繼行政力量重組產業、資本力量重組產業之後，又一個重組產業的力量。這是數字經濟區別於農業經濟、工業經濟的鮮明特徵。與行政重組和資本重組不同，數字重組產業具有以下幾個特徵。

第一，不是試圖壟斷主業，而是壟斷主業的服務。

無論是資本重組產業還是行政重組產業，其根本目標都是要把企業做大做強，最終是要形成壟斷性的大型公司。行政重組的典型代表如中國各大央企的組建。資本重組在資本市場上年年發生，例子多得不勝枚舉。

數字重組產業不同。數字重組產業的根本目標，是提高產業整體的效率、降低產業整體的成本。重組方的收入不是來自主業，而是來自圍繞主業提供的服務。這種收入結構的差異決定了重組方一定要致力於提升整個行業的活力，而非僅僅做大產業規模。

以農信互聯為例，其主要收入來自為生豬養殖業提供的各類服務。促進生豬交易，可以收取佣金；提供貸款，可以收取利息；提供物流，可以收取運費；提供信息平台，可以收取使用費。但是農信互聯不會親自養豬。

農信互聯和養殖企業之間收入結構上的差異，決定了二者是水乳交融而非水火不容的關係。只有養殖場發展壯大，農信互聯

才能有更多的收入。因此，像農信互聯這樣的「數字重組產業」，才能真正帶來產業的整體繁榮。

第二，不是控股參股，而是生態契約。

資本重組產業的特徵，就是企業股權的變化。被重組方往往失去企業大股東的地位，企業易主。資本重組的本質就是通過掌控企業所有權獲得完整的運營權。

但是數字重組產業不同，企業之所以聯合在一起，是靠一份份不同的業務合作協議完成的 —— 生態契約。譬如溫氏集團，每年都和養殖戶簽署合同，規定雙方的義務和責任。溫氏集團承擔養殖戶所有的銷售，但同時養殖戶必須遵守溫氏的標準，並接受溫氏的定期檢查。第二年雙方根據經營情況，可以續約，也可以不續約。

這種模式，更重視雙方的聯合經營。養殖戶承擔具體的養殖任務，溫氏提供飼料、銷售等服務。雙方共同的目標是獲得更高的收入。

第三，不是單一行業，而是多個行業。

資本重組，往往聚焦在單一行業的做大做強上，迅速整合出一個大型的企業，試圖形成行業壟斷的局面。

數字重組不同，其更注重不同行業的融合。凡是主業做大過程中需要的服務業，都在數字重組的視野範圍內，包括但不限於銀行、保險、基金、物流、交易市場、管理諮詢等服務。

第四，不是簡單做大，而是業務融合。

數字重組產業收入來自圍繞主業的各類服務業。因此，提供更多、更高效的服務，是數字重組的業務目標。在這個目標的驅動下，必然是不同行業之間，高度的業務融合。

而資本重組產業，往往是先把散落的土豆裝到麻袋中，至於是做成土豆泥，還是土豆條，是重組以後的事情，但是數字重組，往往先開展業務融合，才繼之以企業整合。

07

蟲洞，宇宙自由穿梭
在元宇間
在宙由穿梭

生存在宇宙中，本身就是一件很幸運的事情，但是不知道甚麼時候起，你們有了這樣一種幻想，認為生存是唾手可得的，這就是你們失敗的根本原因。

——劉慈欣《三體》

我們生活在三維的世界，但是目前所有主流的顯示設備都是二維的平面。VR/AR 設備，正在加速走進我們的生活，有望終結手機的平面世界。我們在數字世界中體驗真實，在物理世界中感受虛實融合。

終端形態的變化，引發行業格局的變遷，加速人類向數字世界遷徙的步伐。不同的人們聚在不同的元宇宙，人們可以在元宇宙間自由地穿梭。我們雖身形未動，卻神遊萬方。

過去，人們因為器官受損而不得不使用人造設備，未來人們為了增強器官功能可以選擇人造設備。智能設備在形體方面，與人體融合，在精神方面，讓思想在元宇宙中盡情綻放。硅基生命將會以出人意料的方式進入我們的生活。或許，我們正在慢慢步入「後人類社會」。

人類是自然界中唯一不能完全生活在現實世界的生物。我們為甚麼會為航天員歡呼，為探險家喝彩？因為我們每個人的內心深處都在渴望擺脫世間俗物的束縛，突破物理的極限，探尋未知的世界。未知的或許就是完美的。人類關於宇宙、世界、精神的思考，從來沒有停止過。人們藉助繪畫、攝影和文學作品來豐富自己的精神世界，從而樹立起人類思想史、藝術史、文學史上的一座座豐碑。

　　中國最偉大的小說之一《紅樓夢》刻畫了金陵十二釵的形象，滿足了人們對於美的所有幻想，然而，劇中的美景佳人無不消失殆盡，化為一場空夢，最終「落了片白茫茫大地真乾淨」。《三體》這部中國最著名的科幻小說，描繪出人類在三維世界永遠無法體驗到的四維世界的宏闊。然而僅存的四維空間也被毀滅，甚至最後連太陽系也都被摧毀了。創世和毀滅是藝術永恆的主題。或許在現實世界，毀滅才是永恆的主題。然而，我們應該如何思考永生和超越，又該如何思考人類恆久生存的最終幻想？

　　超現實主義藝術家們，給出了自己的選擇。他們致力於探索人類的潛意識心理，主張突破合乎邏輯與實際的現實觀，徹底放棄以邏輯和有序經驗記憶為基礎的現實形象。他們將現實觀念與本能、潛意識及夢的經驗相融合，來展現人類深層心理中的形象世界。現實世界受理性的控制，人的許多本能和慾望受到壓抑。然而，那個能夠展示人的真實心理和本來面目的世界，是現實之外那個絕對而超然的彼岸世界，即超現實的世界，這就是人的深

層心理或夢境。

《哪吒之魔童降世》中的《山河社稷圖》是超現實主義的巔峰代表。哪吒被困於圖中，不得不潛心學藝。奇幻的是還有一支「指點江山筆」，劇中角色想到哪裏，這支筆就畫到哪裏，你能想到的一切場景都能在《山河社稷圖》中繪畫出來。最後哪吒就是藉助「指點江山筆」，畫了一扇傳送門，跑了出來。

《山河社稷圖》就是元宇宙世界的藝術想像，「指點江山筆」則是在元宇宙中創造的工具。當我們的技術進一步發展，超現實就會成為司空見慣的事情。在沙盒遊戲《Minecraft》中，超現實主義的怪物、建築、物理法則比比皆是，甚至我們可以親手去創造那些超現實的作品。而這些遊戲不過是元宇宙的雛形。遊戲中，我們可以親手締造超現實的世界。一切夢想、想像、美好、奇幻的事物，都可以完美、完全地呈現。

當然，我們也需要像太乙真人的寶貝《山河社稷圖》那樣的新工具。藉助這種工具，我們就能自由地在不同的「宇宙」間穿梭。而這個工具，就是 VR 技術。

三維，超越手機的平面世界

我們生活在三維空間，我們的視覺體驗自然是三維的，但是從古至今，人們思想的載體，卻以二維的形式存在。從甲骨文、竹簡、紙張到現在的智能手機、電視、電影等，都是二維的存在。電影中視覺特效尤其是 IMAX-3D 技術已經能給觀眾帶來強烈的

震撼，但是離身臨其境還有些距離。關鍵就在於觀眾「知道」自己是在看電影，即便戴上了「3D」眼鏡，視場中依然有現實世界的若干物體，譬如遮擋幕布的前排「腦袋」時刻提醒觀眾，這是在看電影，不要當真。三維的視覺體驗，甚至是四維時空的全體驗，是人類孜孜以求的目標。隨着技術的發展，超越手機平面顯示的世界的腳步聲越來越近，這將引起產業的巨大變革。智能手機確立的商業模式已經成熟，人們期待的是有可能取代智能手機的新型終端的爆發。

三維的視覺體驗根據虛擬和現實的關係，可分為四種類型：VR、AR、MR 和 XR。VR（Virtual Reality, 虛擬現實）技術讓人們感受到現實世界之外的虛擬世界，就像電影《頭號玩家》中的虛幻世界。AR（Augmented Reality，增強現實），在現實環境中增加虛擬物體。車載 HUD 就是典型的 AR 應用，在風擋玻璃上投射出導航箭頭，駕駛員可以在物理的道路上「看」到虛擬的道路標識。MR（Mixed Reality，混合現實）在虛擬環境中增加現實物體。MR 和 AR 比較容易弄混，本文略做解釋：AR 的視覺環境是現實，以現實為基礎來創造虛擬物品。MR 則相反，視覺環境是虛擬的，以虛擬為背景來創造現實物體。在實際的應用中，兩項技術正在快速融合。XR（Extended Reality，擴展現實），可以理解為虛擬和現實的進一步融合，這已經達到「真作假時假亦真，無為有處有還無」的境界了。本書中，「虛擬現實」指 VR/AR/MR/XR，本文不做區分。如果使用的是英文縮寫「VR」，就是指狹義的「虛擬現實」。

虛擬現實發展歷程 ①

　　早在 1930 年，在科幻小說《皮格馬利翁的眼鏡》中，作者就提到了一種特別的眼鏡。當人們戴上它時，可以看到、聽到、聞到裏面的角色感受到的事物，有如真實地生活在其中一般。20 世紀 50 年代中期，美國攝影師 Morton Heilig 發明了第一台 VR 設備：Sensorama。這表明科幻眼鏡走進了現實。這台設備擁有固定屏幕、3D 立體聲、3D 顯示、震動座椅、風扇（模擬風吹），以及氣味生成器。毫無意外，這是一個龐然大物，它的成像效果慘不忍睹（見圖 7-1）。在 20 世紀，電視技術也才剛剛發展，但是這台設備卻展示了虛擬現實的若干概念，模擬的感官包括視覺，還包括人們的觸覺、嗅覺。從一開始，人們對於虛擬現實的認識，就是完全地取代人類的感覺器官。到目前為止，這個理想依然沒有在消費級產品上完全實現。

---

① 請參見：黑匣譯自 Techradar《被遺忘的天才：他在 1957 年就製造出了第一台 VR 機器》，https://www.leiphone.com/category/zhuanlan/aPQEC6l7exN5QScy.html,2016-04-11[2021-06-21].

1968 年，美國計算機科學家 Ivan Sutherland 發明了最接近現代 VR 設備概念的 VR 眼鏡原型。這與 Sensorama 相比無疑是前進了一大步。但是這個頭盔太重了，需要使用額外的設備吊在頭頂，才能讓人們感覺稍微舒適一點。

隨着材料、通信、成像技術、計算技術的進步，VR 設備越來越輕、處理能力越來越強。當臉書斥資 20 億美元收購 Oculus 時，大家忽然發現原來 VR 技術已經取得了巨大的進步。巨頭的入場，引發了 2015 年、2016 年虛擬現實產業的熱潮。*Pokemon Go* 遊戲在全球忽然流行開來。這是一款增強現實遊戲，人們可以通過智能手機，在我們日常的生活場景中找到一個「小精靈」，獲得遊戲的勝利。這款遊戲，讓資本家敏銳地捕捉到，虛擬現實技術可能成熟了。於是，他們不約而同地對其投入大量資金形成一次投資熱潮。但是，不可克服的眩暈感、紗窗一樣的 3D 畫面、糟糕的帶寬，都抑制了人們使用 VR 設備的熱情。上一輪高潮留下的記憶，僅限於商場和遊樂場中的兒童遊戲設備。

當玩家進入 *Half-Life: Alyx* 後，對 VR 設備的擔憂煙消雲散了。精緻的設計、清晰的細節、流暢的畫面，無一不讓人身臨其境。這款遊戲讓大家看到 VR 技術的潛力，重新點燃了資本市場的熱情。

大家紛紛開始稱讚臉書收購 Oculus 這一行為。Oculus 也不負眾望，成功推出了 Oculus Quest —— VR 一體機。Quest 系列非常受歡迎，而且其中搭載的遊戲也更加豐富。2020 年 Quest 系列的出貨量可以超過 1000 萬台。預計到 2025 年，VR 設備的出貨量會達到 9000 萬台。其增長速度可以和智能手機的增長速度相媲美。

遊戲和設備進入相互促進正循環

疫情讓遊戲開發商和設備廠商都嗅到了商機。「宅」經濟不斷發展，促進了娛樂、遊戲和社交的需求。據統計，截至 2020 年年底，Steam 平台 VR 內容數量已經達到 5554 款，加上 Oculus、VIVE 和 PICO 等平台，目前主流遊戲平台上 VR 內容已超過萬款。VR 已經進入「用戶增加—設備開發商、內容開發者收入提高、設備體驗感上升 / 內容持續豐富—用戶持續增加」的正向循環（見圖 7-2）。

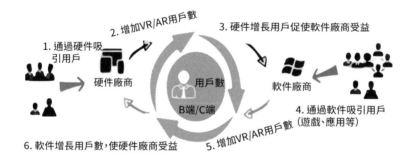

圖 7-2　VR/AR 進入硬件＋內容相互促進的雙循環

（圖片來源：公眾號「邋邊道人」，興業證券經濟與金融研究院整理）

目前，*Half-Life: Alyx* 這款遊戲大火。根據 Superdata 數據顯示，2020 年發佈的 *Half-Life: Alyx* 單款遊戲收入超過了 2019 年所有 VR 遊戲收入之和，2020 年全球 VR 遊戲收入同比增長 25%，達到 5.89 億美元。2020 年 Steam VR 的會話數量達到 1.04 億次，新增用戶達到 170 萬人（初次使用 Steam VR 的用戶數量），VR 遊戲時間比 2019 年增加了 30%。

Steam 平台 [1] 的月連接 VR 設備數量不斷創新高，Oculus 已佔據半壁江山。Steam 年度報告指出，2020 年平台新增 VR 用戶 170 萬人，月活 VR 用戶 205 萬人，根據 Roadto VR 的測算，目前 Steam 平台的月連接 VR 設備數量已經超過 250 萬台，且不斷創造新高。臉書已佔據 VR 消費市場半壁以上江山。2021 年 3 月 Steam 平台 58% 的月連接 VR 設備均為 Oculus 的產品。

超現實的體驗已經廣泛應用於航天、航空、軍事等領域

HUD（Head Up Display）是應用最廣泛的一類車載 AR 技術。駕駛員不用低頭，就可以在風擋玻璃上看到一些基本的駕駛信息，譬如車速、導航等，已成為提高駕駛員注意力的重要工具。因為成本的原因，該技術一般都用在高檔車型。畢竟在日常駕駛中，駕駛員也不會一直盯着前方，瞥一眼儀錶盤也無傷大雅。

但是對於飛機駕駛員而言，情況則不同。飛行員，尤其是戰鬥機飛行員，必須牢牢盯緊前方，任何讓飛行員分心的行為，都是應該極力避免的。HUD 最早也是為飛行員量身定製的系統。

訓練飛行員需要的設備，遠非一套「簡陋」的 HUD 系統。電影《中國機長》真實還原了一次極限駕駛的場景，即飛機風擋玻璃突然破裂。機長在青藏高原上空艱難地控制飛機，以血肉之軀對

---

[1] Steam 是全球目前最大的遊戲發行平台。

抗時速數百公里的大風、嚴寒，最終安全降落在機場。這樣挑戰極限的駕駛體驗，在物理世界中還是要儘量避免，一旦發生，極易機毀人亡。中國機長憑藉其實力、勇氣和運氣等多重因素化險為夷。

飛行員需要應對極限情況，穿越雷雨雲、飛鳥撞擊、風擋玻璃破裂、發動機停機等事件。一旦發生特殊情況，我們該如何應對？這樣的訓練絕非兒戲。但是，哪個飛行員能在沒有這些應對經驗的時候，就去駕駛飛機呢？如果不去駕駛飛機，怎麼能遇到這些極限情況呢？這樣一來，問題成了先有雞還是先有蛋的死循環。解決之道，就是飛行員在模擬駕駛艙中訓練。

模擬駕駛艙可以「真實」再現極端場景，給飛行員營造身臨其境的現實感。在模擬艙中，駕駛員們可以磨煉駕駛技術，練就抗壓能力。在實際的飛行員生涯中，儘管飛行員已經成為行家裏手，但還是會定期到模擬艙復訓，確保應對各種突發狀況的敏銳性。

對於宇航員而言，只有模擬艙訓練一條路可以走。登月、登陸火星這樣的高難「動作」，前無古人，地球上更不可能有和月球、火星一樣的自然環境。科學家只能根據觀測數據、科學分析，建立起完整的模擬月球、火星的自然環境來訓練宇航員。

虛擬現實的技術，早已經達到了「以假亂真」的程度，但是僅限於航天、軍工等特定的領域。畢竟，建設一個飛機模擬艙的成本，甚至會高於製造一架飛機。成本是制約虛擬現實技術普及的一個重要原因。

虛擬現實的行業應用，已呈燎原之勢

VR 技術行業應用之汽車製造行業

　　VR 汽車外觀設計與造型方面的建樹十分突出，針對這些車輛外形設計的問題，VR 技術已經給出了優秀的應對措施。藉用 VR 平台，設計師可以 1:1 放大 3D 模型，無須製作油泥模型就可以在虛擬空間以實物尺度評審設計，節省了油泥模型的製作成本，大大地縮短了項目週期，節省了項目成本。而且 VR 平台無須導出模型數據且兼容多種 3D 軟件，這些都讓 VR 技術在汽車行業贏得青睞。

VR 技術行業應用之電力能源領域

　　VR 輸變電工程設計與電櫃倒閘送電操作給能源領域帶來變革，VR 輸變電工程設計可以讓客戶通過虛擬化的視覺構建體驗身臨其境的場景環境，工作人員不必親臨現場就可以協同開展輸電線路設計。

VR 技術行業應用之汽車零售業

　　客戶在購買汽車之前，可以通過 VR 技術進行虛擬試駕。3D 展示已經在電商網站上得到普及和應用。如果能藉助 VR 設備體驗虛擬試駕，將是汽車銷售行業的革命。

VR 技術行業應用之旅遊業

　　VR 與旅遊的結合是未來旅行、觀光、文化導覽的一個重要發展方向。VR 技術既能展現出自然景觀的恢宏之美，也能模擬還

原人文景觀的歷史面貌，因此很多數字博物館都應用了此類技術。Pokemon Go 類型的遊戲和真實的風景名勝結合，這自然會帶來一股旅遊業新風。

VR 技術行業應用之房地產業

貝殼找房數據透露：VR 看房促使人均線上瀏覽房源量提升了 1.8 倍，線上停留時間增長 3.8 倍，同時，7 日內看房成功的效率提升了 1.4 倍。

VR 技術行業應用之自動化領域

通過虛擬現實，我們可以根據設計藍圖及方案直接模擬出廠礦中自動化設備的現實場景，通過 VR 頭盔在虛擬場景中逐條測試程序段，最後進行整體的功能性測試。

VR 技術行業應用之體育領域

荷蘭國家隊已經在教學和訓練中採用 Beyond Sport 的 VR 技術進行演練、視頻分析、戰術復盤，以幫助足球隊提升訓練水平。

VR 技術行業應用之教育領域

將 VR 全景應用於教育行業可以大大提高學生的參與度與學習興趣。VR 全景技術可以讓抽象的概念具體化，讓晦澀深奧的化學成份、遙遠神秘的天文景象都呈現在眼前，供學生觀察學習。我們可以在教學時配以旁白解說、文字及相關學習資料，為學生營造沉浸式的學習體驗，大大提高學生的理解能力與學習效率。

VR 技術行業應用之娛樂

2017 年舉辦的第 74 屆威尼斯國際電影節上新增設了 VR 競賽單元。這意味着在追求極致沉浸式觀影體驗的當下，VR 電影越來越受關注。

2018 年，香港旅遊發展局推出「VR 時光倒流香港遊」微電影，利用 VR 技術重現昔日香港的經典場面。遊客既可在香港的著名地標飽覽維多利亞港的景色，又可置身於昔日香港島及九龍的經典場景中，體驗當時居民的日常生活，感受香港的昔日情懷。

VR 技術行業應用之醫療健康

2016 年，上海瑞金醫院成功藉助 VR 技術直播了 3D 腹腔鏡手術，開創了中國內地 VR 直播手術的先河。

虛擬現實模擬學習是加州大學舊金山分校醫學院 Bridges Curriculum 課程的一部分。該課程是一種創新性的嘗試，主要強調教會學生看到衛生保健相互聯繫本質的方法。

天生患有斜視的 James Blaha 在體驗 Oculus Rift 頭盔時，發現這款頭盔能夠改善自己的斜視。他通過兩年的親身試驗，恢復了 80% 的立體視覺。後來，他成立了 See Vididly 公司，並開發了一款叫作 Vivid Vision 的軟件，為那些患有斜視或弱視的患者提供 VR 視力治療。

VR 技術行業應用之礦業生產

由於地質採礦條件複雜、生產體系龐大、採掘環境多變等特點，礦山開採面臨巨大挑戰，而隨着智慧化成為繼工業化、電氣化、信息化之後世界科技革命又一次新的突破，建設綠色、智能

和可持續發展的智慧礦山成為礦業發展新趨勢。用一部手機、一副 VR 眼鏡運營整座礦山不再是夢想。

VR 技術行業應用之軍事

ULTRA-VIS 系統是集成全息透視顯示和視覺跟蹤定位的系統。使用該系統，士兵的武器裝備數據（槍械彈藥信息等）和戰場信息通過全息顯示疊加在視野中，士兵通過這套系統能直觀地觀察周圍的其他部隊、車輛及飛行器的位置，並進行敵我識別。該系統還可以為士兵導航線路，標記危險區域，不僅可以為士兵提供安全保障，還能提供最佳的戰鬥信息指導。

美國陸軍通信與電子研究、開發和工程中心（US Army CERDEC）研發了一套 AR 作戰系統 —— 戰術增強現實（Tactical Augmented Reality， TAR）。該系統在士兵頭盔上集成一個增強現實微型顯示屏，作戰指令、戰術地圖、熱成像儀的圖像、目標距離等信息都能在頭盔上顯示，並能共享給團隊的其他成員。

增強現實的例子，就在我們身邊 [①]

社交

社交軟件無疑是 AR 的主要應用。Snapchat 出類拔萃，推動了 AR 的普及。截至 2021 年第一季度，Snapchat 日活用戶達 2.8 億人，

---

① 這部分的內容，參考了華為子公司的 AR 洞察和應用報告白皮書。

其中平均有 2 億用戶每天都使用 AR 互動。其最初（且最受歡迎）的功能是在視頻通話中為用戶提供 AR 疊加濾鏡。它還有一定程度的實用功能，提升視頻通話體驗，如用戶可以嘗試新髮色，並獲得好友反饋。歐萊雅等品牌利用這些「濾鏡」來進行新穎的產品廣告宣傳。

Snapchat 在發展過程中也不斷增強其 AR 功能，增加了對身體其他部位的識別，如用戶可以藉助腳部識別技術試穿虛擬鞋子。此外，用戶還可以為現實場景添加濾鏡。這些功能為用戶提供了新穎的體驗，也讓更多品牌能利用 AR 進行廣告宣傳和市場營銷。

遊戲

與 AR 社交應用一樣，遊戲也是將 AR 推向大眾市場的一類主流內容。Niantic 開發的 *Pokemon Go* 在全球大獲成功，引領了 AR 遊戲的風潮。這款遊戲推出後迅速風靡全球，截至 2018 年 5 月，月活用戶超 1.47 億人，2019 年年初，該遊戲下載量超十億次。截至 2020 年，其收入已超過 60 億美元。

這款遊戲的獨特之處在於將現實和虛擬世界結合起來，為玩家提供基於實景的 AR 體驗。寶可夢（神奇寶貝）散落於真實世界的各個角落，玩家需要四處走動來捕獲它們。當玩家遇到寶可夢時，它們會通過 AR 模式顯示出來，就像存在於真實世界一樣。玩家還可以進行寶可夢競技，同樣是基於實景（寶可夢競技場）。此外，遊戲出品方還實現了遊戲體驗與實景的進一步結合。例如，玩家可以在真實世界中靠近水的地方找到水生寶可夢。

Pokemon Go 不僅作為遊戲大獲成功，其廣告模式也非常成功。因為寶可夢散落於真實世界的各個角落，所以可以利用這一點來吸引大家前往某個地點。例如，2016 年，該遊戲與日本麥當

勞合作，將麥當勞門店變成了寶可夢競技場。這一合作為每家麥當勞門店平均每日增加了 2000 名顧客。隨後，美國運營商 Sprint 也與 Niantic 合作，為全美 1.05 萬家零售店進行了類似推廣。

AR 遊戲也可以與家中室內場景結合，如任天堂推出的《馬里奧賽車實況 : 家庭賽車場》。玩家利用裝有攝像頭的實體玩具車進行比賽，在家裏佈置賽道，然後通過增強現實技術疊加傳統馬里奧賽車遊戲裏的圖形元素。遊戲中只有賽車和傢具是真實的，其他內容都是通過 AR 疊加的圖形元素。

基於 HMS Core AR Engine，華為與眾多中國互聯網娛樂合作夥伴（包括騰訊、網易、完美世界、迷你玩等）聯合開發了大量知名遊戲，在中國推動了遊戲的創新體驗和 AR 生態的發展。以 X-Boom 遊戲為例，玩家的任務是對疊加在現實世界中的 AR 動物角色進行射擊。

教育

AR 還被用於創造新穎有趣的教育體驗。與其他類型的應用不同，許多教育應用由已有的圖書出版商、廣播公司和其他已涉足教育行業的公司和公益機構研發 —— 當前教育行業的參與者熱衷於使用 AR。相關應用通常會與電信行業夥伴合作，因此這類 AR 應用可能是移動運營商進入 AR 市場的重要切入點。

歐洲核子研究組織（CERN）與谷歌的藝術與文化部門合作推出的「宇宙大爆炸」（Big Bang）AR 應用是一個非常典型的例子，研發者利用 AR 來展現始於大爆炸的宇宙形成過程，用戶可以通過手勢觸發超新星，或將行星放在手上，這帶來了互動式學習的全新體驗。

零售

AR 社交和遊戲應用常常與零售商和品牌方合作，將虛擬物件疊加到實際物體上，可讓消費者「先試後買」。此外，在現實場景中添加虛擬物件能夠吸引消費者到商店或餐館消費。

目前，專門的零售應用也已問世。LGU + 子公司 Evecandylab 在 2019 年推出了 augmen.tv 服務。在合作的購物頻道上，用戶可舉起手機對準電視，將電視中的物品「拖」到屋內，隨意擺放並與之互動，看這些物品放在屋內的效果，用戶還可以通過直接點擊物品進行購買。

許多零售商也推出了自己的應用。通過 IKEA Place 應用，用戶可以將實際大小的宜家傢具模型擺放在家中查看效果，購買前先看看尺寸樣式是否合適。這對消費者來說非常實用。其他傢具公司也推出了類似的應用，AR 功能正在迅速普及。

導航

導航也是當前 AR 功能應用的一個關鍵領域。谷歌地圖和谷歌地球都加入了 AR 功能。除了提供更直觀的導航這一實用功能外，軟件研發者還可以在餐館或地標等真實地點上疊加「地點標誌」，方便用戶獲取額外信息。

旅遊

「AR + 西湖」是中國杭州的一個 AR 旅遊創新應用。西湖是中國被列入世界文化遺產名錄的著名旅遊景點，AR 豐富了遊客在西湖旅遊的內容，提供了沉浸式的觀景體驗。遊客通過下載「掌

上西湖」App 進入「AR 遊西湖」版塊，手機對準所參觀景點，屏幕便能即刻顯示與該景點相關的背景故事，讓遊客沉浸其中。「AR + 西湖」旅遊路線包括平湖秋月、放鶴亭、蘇小小墓、岳王廟等，全程 AR 體驗區達 1.4 千米。同時，「掌上西湖」App 還實現了全景區 AR 智能導航、導遊及導購功能，最大限度地為遊客提供便利，讓旅遊變得更豐富、更有趣，也更輕鬆。

倉儲

相對於消費者，企業才是頭顯設備使用需求最大的羣體。專用頭顯設備能讓工人解放雙手，無論是簡單任務（倉庫揀貨）還是複雜任務（AR 輔助手術）AR 都能夠輔助完成。

DHL 利用 Google Glass 來提升倉庫揀貨的準確率、生產力和效率。經過 2015 年的成功試點，如今 AR 眼鏡已經成為 DHL 全球倉庫作業的標配，將生產力平均提高了 15%。

元宇宙，虛擬現實應用的終極場景

縱觀虛擬現實在各行各業的應用，虛擬現實技術目前依然處在零星的、散狀的實驗階段。其中技術限制因素固然重要，更重要的是不能孤立地應用虛擬現實技術，要藉助智能手機時代形成的數字創造、數字市場、數字消費、數字資產的模式，迅速拓展，在細分領域佔據領先的位置。

譬如旅遊業，單純地建立逼真度非常高的風景名勝在 VR 中供人欣賞是沒有出路的。再美的風景，大家多看幾次，也就厭煩

了。旅遊的本質是人與人的共同經歷。與你同行的人，遠比看到的風景更重要。在虛擬世界中，必須營造出比物理世界更加豐富的體驗，這才是勝出的根本之道。這就歸結為元宇宙的兩個特徵：沉浸感和社交網絡。

遊戲展示了體驗的發展方向。遊戲中劇情、線索的比重，將會逐漸超過遊戲中動作的比重。大家在遊戲中的共同經歷，將成為 M 世代（Multimedia Generation，多媒體世代）一代人的整體記憶。能把虛擬現實、沉浸感、社交網絡，甚至經濟行為合為一體的，就是元宇宙。元宇宙是帶動虛擬現實技術成長的場景，虛擬現實技術的發展，奠定元宇宙繁榮的技術基礎。

終端的進步與產業的變革

終端，對應的英文單詞是「terminal」，是一條通信術語，原義是指遠離計算主機的輸入輸出設備；現在泛指與最終用戶交互的網絡設備。譬如，手機就是典型的終端，而過去的膠片照相機不能算終端，因為沒有聯網功能。自動駕駛的汽車，也是一種類型的終端。

終端是通信技術、網絡技術、芯片、軟件、傳感器、製造工藝等各類技術的綜合應用，代表了先進的技術和先進的商業模式。

李書福曾經笑稱：「汽車不就是四個輪子的沙發嗎？」馬斯克也曾經雲淡風輕地說：「汽車不就是四個輪子的平板電腦嗎？」此後，特斯拉橫空出世。汽車自身也進化成為一種新型的終端，開始顛覆傳統汽車產業格局。

VR/AR 都屬於一類新型的終端設備，就像特斯拉的出現顛覆汽車產業一樣，VR/AR 終端的普及，同樣會帶來行業的大變革。我們回顧終端的發展歷史，從中找出虛擬現實的發展路徑。

　　理解終端與產業變革，我們從 iPod 開始講起。

iPod 的豐碑

　　iPod 是便攜音樂播放器發展史上的一座豐碑，至今仍無人超越。「蘋果公司是先開發了 iPod 還是先開發了 iTunes 軟件？」這個問題恐怕連最資深的蘋果粉絲也難以回答。

　　在 2000 年左右的美國，人們熱衷於從 P2P 軟件中下載音樂並刻錄到 CD 上，但下載軟件、刻錄軟件及刻錄機的操作具有一定的門檻，只有發燒級的音樂愛好者才會鑽研如何使用這些東西。喬布斯從中看到了巨大的商機，他收購了音樂管理程序 Rio 的創業團隊，並用他一貫苛刻的要求使得該產品變得更簡單易用，優化用戶體驗。這款產品就是後來的 iTunes[①]。

　　有了 iTunes 之後，喬布斯希望能有一個和 iTunes 配套的產品，讓用戶更輕鬆地收聽音樂，這樣 iPod 才被創造出來。事實上是先有 iTunes，後有 iPod，這和許多讀者的認知恐怕有所不同。

[①] iTunes 是一款媒體播放器的應用程序，2001 年 1 月 10 日由蘋果公司在舊金山的 Macworld Expo 推出，用來播放及管理數字音樂與視頻文件，至今依然是管理蘋果電腦最受歡迎的 iPod 的文件的主要工具。此外，iTunes 能連接到 iTunes Store（在有網絡連接且蘋果公司在當地有開放該服務的情況下），以便用戶下載購買數字音樂、音樂影片、電視節目、iPod 遊戲、各種 Podcast 及標準唱片。

iTunes 創立之初面臨着「巧婦難為無米之炊」的困境，而當時的唱片公司日子也不好過，整天在一系列的盜版案件中掙扎。喬布斯憑藉其在好萊塢的創業經驗和天才的商業頭腦，說服了五大唱片公司向其提供數字音樂的銷售權。喬布斯計劃把每首歌曲的價格定為讓人心動的 99 美分，唱片公司將從中抽取 70 美分。於是 iTunes 商店誕生了，「音樂公司能贏利，藝術家能贏利，蘋果公司也能贏利，而用戶也會有所收穫」的「四贏」商業模式最終被確立起來。iTunes 商店在推出後的 6 天內就賣出了 100 萬首歌曲，在第一年賣出了 7000 萬首歌曲；2006 年 2 月，iTunes 商店賣出了 10 億首歌曲；2010 年 2 月，iTunes 商店賣出了 100 億首歌曲。

在「iPod + iTunes 商店」模式中，人們發現硬件、軟件、內容（音樂）首次完美地結合在一起，形成最佳的用戶體驗。蘋果通過大量的 iPod，控制了音樂發行的渠道，從而引發整個音樂產業的變革（見圖 7-3）。

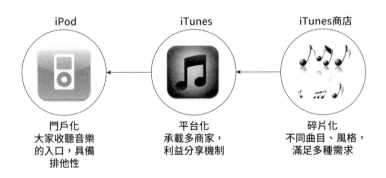

圖 7-3　iPod + iTunes 開創了泛互聯網化模式的雛形

在這個模式中，iPod 作為一款獨立的音樂播放設備，非常受人歡迎。同類的 MP3 播放器，跟 iPod 相比就像廉價的山寨貨。

iPod 已成為人們收聽音樂的首選，沒有人在使用 iPod 的時候，還會使用其他播放器。iPod 客觀上具備了音樂門戶的特徵。

iTunes 商店則構建了和唱片公司合作的商業模式，分成比例接近 7：3，唱片公司佔大頭。在 iTunes 商店中，唱片公司沒有盜版的困擾。蘋果公司，進一步直接和有才華的音樂人簽約，他們可以跳過唱片公司，直接在 iTunes 商店中，發行他們的最新作品。蘋果公司取代了唱片公司部分職能，同時通過 iTunes 商店獲利的第三方也大大增加，iTunes 商店已成為一個廣受歡迎的音樂發行平台。

消費者自然眾口難調，蘋果打破了按照唱片發行的慣例，用戶可以購買單獨的曲目，不再把好聽的歌曲和差的歌曲混在一起強迫消費者購買。把唱片碎片化成單獨歌曲，從而最大限度地滿足了用戶個性化的需求。

我們可以站在消費者的立場，從數據的角度再來總結「iPod + iTunes」模式。音樂可以同時保存在 iPod 和 iTunes 中，這兩者之間通過「同步」的機制來保持一致性。另外，同步的數據中還包括「播放列表」數據。播放列表就是消費者的「偏好」，這極具個人色彩，每個用戶的播放列表肯定是不一樣的。在「iPod + iTunes」機制中，「播放列表」並不完全依賴 iPod，這就保證當人們換一個新 iPod 時，依然能夠非常容易地找到自己喜愛的歌曲。

這種數據「同步」的機制，和純粹的互聯網應用是不同的。純粹的互聯網應用在用戶的「終端」是沒有數據的。換句話說，泛互聯網化的終端是在離線狀態下，依然可以發揮核心的功能。如果在聯網的狀態下，用戶可以獲得更多的數據。而純粹的互聯網應用在離線狀態下是不可用的。這也是泛互聯網化應用與互聯網應用之間重要的差別。

唱片行業的輓歌

所有的唱片公司老闆當初答應喬布斯通過 iTunes 銷售歌曲時，沒想到自己將親手埋葬這個行業。

在 iPod 問世之前，歌手創作音樂，唱片公司製作唱片並向全國推廣發行。大型的唱片公司佔據行業的樞紐地位。歌手如果不和大型的唱片公司簽約，再有才華也可能無人問津，但是有了 iPod，局面有所改觀，所有的音樂愛好者，都喜歡 iPod 代理的優美音質和隨時隨地的體驗。更重要的是，通過 iTunes 可以購買自己喜歡的任何歌曲、音樂，並且立刻就可以在 iPod 中欣賞，人們再也不用跑到唱片店選購唱片，帶回家欣賞。

所有的唱片公司發行能力，都被 iTunes 取代了。歌手發現自己可以很容易地把自己創作的歌曲上傳到 iTunes，iTunes 成為最大的歌曲發行商。藉助「iPod + iTunes」組合，音樂愛好者和歌曲作者緊密地連接在一起，再也沒有唱片公司的任何生存空間。

唱片公司，作為一個行業，永遠消失了。

蘋果公司在音樂行業是如此成功，成功到完美地消滅了一個行業。自此以後，蘋果進軍其他產業的路徑，就格外艱難。最典型的就是蘋果到目前為止，也沒有搞定電視產業。其主要原因就是大型的製片公司，看到唱片公司的下場不寒而慄，他們集體抵制蘋果，沒有任何一家製片公司和蘋果深入合作。

從 iPod + iTunes 到
iPhone + App Store

　　iPod 非常成功，2005 年 iPod 設備的銷售收入佔據蘋果公司收入的 45%。喬布斯不但沒有志得意滿，反倒深感擔憂。他認為，能搶走 iPod 風頭的，一定是手機。當每部手機中都內置了音樂播放軟件時，iPod 的路就走到了頭。

　　幸運的是，蘋果公司開發出了風靡世界的智能手機——iPhone。的確如喬布斯所言，iPhone 內置了 iPod 音樂播放器，不僅如此，還繼承了 iPod 時代行之有效的「音樂商店」的做法，把音樂商店，擴展成「應用商店」。消費者可以通過應用商店下載各種各樣有趣的應用軟件，如給照片裝飾一個相框，或者記錄自己每天跑步的里程等。

　　2008 年 3 月 6 日，蘋果對外發佈了針對 iPhone 的應用開發包，供用戶免費下載，以便第三方應用開發人員開發針對 iPhone 及 Touch 的應用軟件。3 月 12 日，僅用不到一周時間，蘋果宣佈已獲得超過 100000 次的下載；三個月後，這一數字上升至 250000 次。眾所周知，蘋果公司一直以來在產品及技術上都具有一定的封閉性。在 IBM 推出兼容個人計算機之後，微軟等一系列軟件公司圍繞 PC 開發了很多辦公、娛樂軟件，通過增強用戶對軟件的黏性爭奪了很大一部分個人計算機用戶。而蘋果的 Mac 電腦由於其軟件和硬件的兼容性問題一直未被蘋果公司重視，因此只擁有 10% 左右的「鐵桿粉絲」。蘋果這次推出 SDK 之舉可以說是第一次向個人和企業開發者拋出了橄欖枝。另外，用戶購買應用所支付的費用由蘋果與應用開發商按照 3:7 的比例分成，那些一戰成

名的暴富神話吸引了全球眾多的企業開發者和個人開發者。在開發者眾星捧月般地簇擁到 App Store 這個平台之後，一個商業生態系統悄悄地形成了。2008 年 7 月 11 日蘋果 App Store 正式上線，可供下載的應用已達 800 個，下載量達到 1000 萬次。2009 年 1 月 16 日，數字刷新為逾 1.5 萬個應用，超過 5 億次下載。截至 2021 年，App Store 應用程序數量逾 200 萬個。

「應用商店」催生了內容創造產業，其影響力波及整個信息行業，大家不約而同地在思考相同的問題：我們應該成為蘋果應用商店裏一個碎片化應用，還是另起爐灶，創建自己的應用商店？

iPhone 作為最流行的手機之一，扮演「大門戶」的角色。無論是打電話、玩遊戲、刷微博還是閱讀電子雜誌，人們越來越離不開 iPhone。應用商店扮演平台的角色，解決了與廣大開發者之間的利益分配問題，並成為推廣軟件應用的主要渠道。應用商店裏形形色色的各種碎片化應用，滿足人們工作、娛樂、休閒、購物等多種需求。

讓我們再回到大數據的視角，來審視應用商店模式。用戶只有在下載或更新應用時，會使用應用商店；而用戶使用應用程序而產生的「行為數據」和「內容數據」，並沒有被收集和記錄。換句話說，僅僅擁有消費者在應用商店中下載應用軟件的數據，還不足以構成「大數據」，這些數據的活性不足。

當 iPad 平板電腦推出後，數據問題就更加突出了。人們在 iPhone 中存有大量的照片、通信錄、音樂、文檔等資料，但是如何方便地在 iPad 上看到呢？如果手機丟了，這些資料又如何找回呢？而後，iCloud 應運而生了。

iCloud 形成完整的商業版圖

2011 年 5 月 31 日，蘋果公司官方發佈 iCloud 產品，提供了郵件、日曆和聯繫人的同步功能。除此之外，iCloud 還具有強大的存儲功能，可以存儲人們購買的音樂、應用、電子書，並將其推送到所有匹配設備。可以說，iCloud 第一次使得包括 iPhone、iPod Touch、iPad，甚至是 Mac 電腦在內的所有蘋果產品無縫連接。藉助 iCloud，蘋果產品也實現了從多個數據源收集數據並進行統一存儲和索引的功能，為搭建大數據中心鋪平了道路。

iCloud 具有以下幾大功能：照片流、文檔和應用雲服務、日曆、通信錄、郵件、iBooks 備份和恢復。我們發現，每個功能都是蘋果收集用戶數據的來源（見圖 7-4）。

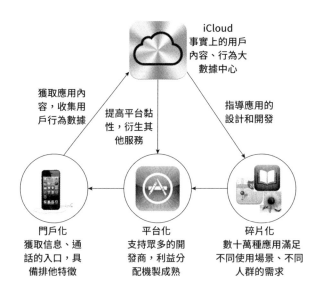

圖 7-4　推出 iCloud，標誌蘋果完成泛互聯範式的最後一塊拼圖

照片流功能實現用戶以通過多個 iOS 設備終端實現實時共享照片的功能，終端包括 Mac 和 iPad。將照片從數碼相機導入電腦之中，iCloud 會即刻通過 WLAN 將它們發送到用戶的 iPhone、iPad 和 iPod Touch 上。用戶無須人為地去同步或是添加照片到電子郵件的附件中，也不必傳輸文件，照片就會出現在每一部蘋果設備上。同時，用戶可以選擇指定的人羣來共享照片。用戶也可以讓觀眾對照片發表評論，並可以回覆他們的評論。照片流的功能使得用戶影像數據得到統一保存，為影像數據的收集提供了方便。

文檔和應用雲服務功能使得可以在 Mac、iPhone、iPad 和 iPod Touch 上創建文檔和演示文稿。同樣地，iCloud 可讓該文件在所有 iOS 設備上保持更新。iCloud 已內置於 Keynote、Pages 和 Numbers 等 App 中，此外還可與其他支持 iCloud 的 App 配合使用。同時，用戶在某一設備上購買的應用也將自動同步到其他設備中。這一功能具有革命性的意義，開發者通過蘋果提供的 iCloud API，可以將自己開發的應用產生的數據保存到雲端。用戶在使用這個支持 iCloud 的應用時，無須人為地上傳或同步數據，即可實現在多設備上同步編輯文檔。蘋果公司也通過這種方式獲得了更具價值的應用數據，進而為應用大數據打下了基礎。

日曆、通信錄和郵件讓用戶可以利用 iCloud 存放用戶的私人數據，包括日曆、通信錄和電子郵件，並讓數據在所有設備上隨時更新。一旦用戶刪除了一個電子郵件地址，添加了一個日曆事件，或更新了通信錄，iCloud 會在各處同時做出這些更改。同樣地，用戶的備忘錄、提醒事項和書籤也會進行同步。日曆、通訊錄和郵件這三個數據源提供了用戶最為私密的也是價值最高的數據。蘋果公司能夠收集到用戶的私人數據，這無疑會大大地提升

個性化服務的水平。

　　iBooks 是又一個具有競爭力的功能。由於移動閱讀具有最為廣泛的潛在客戶羣及更為廣闊的市場空間，因此一直是各個終端廠商、服務提供商、應用開發商及運營商爭奪的領域。蘋果公司憑藉其統一、流暢的用戶體驗贏得了眾多用戶。iCloud 的出現無疑進一步鞏固了 iBooks 的市場地位。一旦用戶從 iBooks 獲得了電子書，iCloud 會自動將其推送到用戶的所有其他設備中。對於其他操作，iCloud 也會進行數據的同步。比如，用戶在 iPad 上開始閱讀，加亮某些文字，記錄筆記，或添加書簽，iCloud 就會自動更新用戶的 iPhone 和 iPod Touch。

　　備份和恢復同樣值得一提。用戶的 iPhone、iPad 和 iPod Touch 上存放着各種各樣的重要信息。在接通電源的情況下，iCloud 每天都會通過 WLAN 對信息進行自動備份，而用戶無須進行任何操作。當用戶設置一部全新的 iOS 設備，或在原有的設備上恢覆信息時，iCloud 雲備份都可以擔此重任。只要用戶將設備接入 WLAN，再輸入 Apple ID 和密碼就行了。備份和恢復不僅是方便客戶的功能，對蘋果也極具意義，它最大化地收集了用戶的數據，可以衍生出其他服務，並指導其他應用的設計和開發。

　　如果把時間切換到 60 年前，人們將發現 iCloud 的意義遠遠超過 iPhone 的成功。計算機自誕生以來，一直扮演「數據中心」的角色。人們所有的文件、資料都保存在個人計算機中。iCloud 橫空出世，將取代個人計算機的「數據中心」角色。iCloud 也不同於純粹的互聯網應用，其思想和 iPod 時代的音樂管理一脈相傳，即泛互聯網化。

數字經濟商業模式確立

從 iPod + iTunes 到 iPhone + App Store，再到 iPhone + App Store + iCloud，數字經濟的商業模式基本形成，涵蓋了數字創造、數字市場、數字消費、數字資產的各個環節。

2011 年 iCloud 的推出標誌數字經濟商業模式確立。十年間，所有大廠的爭奪都是圍繞數字創造、數字市場、數字消費和數字資產展開。其中，小米的崛起最具代表性。

小米完全複製了蘋果的商業模式，可以看作低配版的蘋果。小米公司 2010 年剛剛成立，十年之後，躋身世界 500 強行列。

智能手機，進步趨緩

2007 年蘋果發佈的第一代 iPhone 宣告着智能手機時代來臨。到目前為止，iPhone 已經誕生 14 年了。14 年來，硬件、軟件都有飛速的發展。人們的生活、工作已經完全不能離開手機。

如果從外觀來看，第一代 iPhone 無疑是顛覆性的。從十幾個物理按鍵，一下子變成只有一個物理按鍵。一看就是全新的物種，一定和過去的手機有根本的不同。因此，喬布斯用了一句宣傳語「我們重新發明了手機」。但是，到現在為止，手機的外觀變化很小，唯一的物理按鍵也沒有了，手機正面就是一塊玻璃屏幕。其只好圍繞尺寸做文章，再大一點，就變成平板電腦了。

或者，我們從維度的角度來看，手機儘管發生了很多變化，但是始終顯示的是二維世界。二維世界，手機、平板電腦、電視

這些不同尺寸的屏幕，已經發展到相當高的水平。

　　突破可能會來自三維世界。就像 iPod 探索形成的商業模式，喚醒了 iPhone 手機的誕生。手機在二維世界的商業模式和經濟模型已經完全成熟。之後再發展的就是終端的變化了。革命性的變化，才能帶動全行業的發展。

VR/AR 設備，爆發前夜

　　經過近半個世紀的積累，我們終於迎來了有望取代智能手機地位的新終端── VR 一體機。從產業週期上看，現在正處在 VR/AR 爆發的前夜（見圖 7-5）。

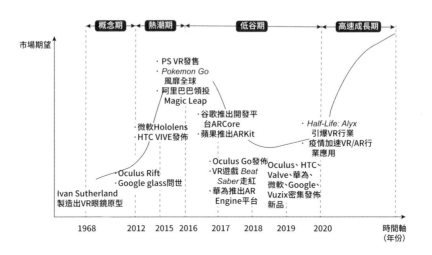

圖 7-5　VR/AR 產業趨勢（資料來源：東方證券研究所）

互聯網巨頭的一些動向，反映了產業的趨勢。最具代表性的是臉書。扎克伯格致力於 VR/AR 與社交的有機結合構建社交元宇宙。2014 年，Facebook 以 30 億美元收購了 Oculus VR，正式進軍 VR 領域。在 2016 年，Facebook 提出的十年規劃版圖中，3 至 5 年內，他們將着重構建社交生態系統，完成核心產品的功能優化。未來 10 年，Facebook 將側重於 VR、AR、AI、無人機網絡等新技術。截至 2021 年年初，Facebook 參與 VR/AR 技術研發的員工比例由 2017 年的 1:10 增長至 1:5，並頻頻投資 VR/AR 領域的技術領先者。憑藉技術賽道與社交領域的雙重優勢，Facebook 有望構建大型社交元宇宙平台。

從 Facebook 頻繁的投資、收購動作中，可以觀察到這家公司的野心。終端設備、遊戲內容、分發渠道、社交網絡幾乎全部涵蓋。雖然在智能手機市場，Facebook 已沒有進入的機會，但是藉助新終端設備的崛起，Facebook 有望複製蘋果公司在智能手機市場的成功故事。

Facebook 很可能成為元宇宙的引領者之一。

後人類社會和硅基生命

時間都去哪兒了？

根據國家統計局第二次全國時間利用調查結果，居民在一天的活動中，個人生理必需活動平均用時 11 小時 53 分鐘，佔全天的

49.5%；有酬勞動平均用時 4 小時 24 分鐘，佔 18.3%；無酬勞動平均用時 2 小時 42 分鐘，佔 11.3%；個人自由支配活動平均用時 3 小時 56 分鐘，佔 16.4%；學習培訓平均用時 27 分鐘，佔 1.9%；交通活動平均用時 38 分鐘，佔 2.7%。

有意思的是，吃喝拉撒睡這些基本的生理需求，幾乎佔據了人們一天之中一半的時間。用於工作的時間也就 4 個小時。除了生產線上的工人在工作時間無法使用手機之外，工作、個人自由支配、交通、學習培訓的時間都可以使用手機。況且許多崗位的工作，就是依賴手機完成的，譬如快遞行業。推算下來，人們一天在智能手機上消耗的時間很可能長達 5 小時以上。

根據 2020 年第 45 次中國互聯網絡發展狀況統計報告，2019 年 12 月，在手機網民經常使用的各類 App 中，即時通信類 App 的使用時間最長，佔比為 14.8%；網絡視頻（不含短視頻）、短視頻、網絡音頻、網絡音樂和網絡文學類應用的使用時長佔比分列第二到第六位，依次為 13.9%、11.0%、9.0%、8.9% 和 7.2%。短視頻應用使用時長佔比同比增加 2.8 個百分點，增長明顯。

網民在手機觀看各類視頻上花費的時間，佔了總時長的三分之一。就像本章開頭所講，人類是唯一不能完全生活在現實世界的生物。從統計上來看，如果我們把視頻內容等同於虛擬空間的話，人們其實已經在元宇宙中沉浸，而不自知。按照這兩次統計的結果來看，人們每天至少花費 2 小時在元宇宙中生活。

當人們戴上 VR 頭盔的時候，人們沉浸的時長可能不會有太大的變化。這對人類體驗的影響，對人類思想的衝擊都不容小覷，而這個過程才剛剛開始。

腦機接口和外骨骼

　　腦機接口和外骨骼，都是直接增強個人能力的技術。腦機接口，可以讓數字化技術直接理解大腦的指令；外骨骼則直接增強人的體力。

　　腦機接口，有時也稱作「大腦端口」（direct neural interface）或者「腦機融合感知」（brain-machine interface），是在人或動物腦（或者腦細胞的培養物）與外部設備間建立的直接連接通路。在單向腦機接口的情況下，計算機或者接收腦傳來的命令，或者發送信號到腦（如視頻重建），但不能同時發送和接收信號，而雙向腦機接口允許腦和外部設備間的雙向信息交換。大腦的測量和分析已經達到可以解決一些實用問題的程度。很多科學家已經能夠使用神經集羣記錄技術實時捕捉運動皮層中的複雜神經信號，並用來控制外部設備。人工耳蝸是迄今為止最成功、臨床應用最普及的腦機接口。它幫助許許多多的聾啞人恢復了聽力。

　　外骨骼則在輔助人們的體力勞動方面做出了巨大貢獻。

　　在某種程度上，騎士的全金屬盔甲，可稱作一種外骨骼。因為它提供了一個硬殼或皮膚，可以在戰鬥中保護騎士。航天服和深海潛水的「JIMM」裝也算是外骨骼，因為它們在極其惡劣的外部條件下幫助人體正常工作。

Cyborg ── 半機械人

　　半機械人（Cyborg，也稱作半機器人）是一種「電子控制的

有機體」。也就是說，這是一種一半是人，一半是機器的生物。人類和智能機械可以結合在一起，兼備兩者的優點，成為半機械人（Cyborg），這已經是現代科技發展的目標之一。

當我們把 VR/AR 設備、腦機接口、外骨骼技術，融合在一起的時候，科幻片中經常出現的超級英雄，就從屏幕走向了現實。《我，機器人》中，男主角左臂就是經過機械改造的（見圖 7-6）。「鋼鐵俠」也是一個非常經典的半機器人形象。

半機器人不是新概念，因為人類一直在通過工程性產品來改善自身，但是，目前這主要應用於因為某種生理缺陷、病痛、受傷才接受治療性改善方案。例如，此類設備可以用於四肢受傷的人，或者由於心臟衰竭而裝有起搏器的人。

未來在元宇宙中，半機械人是否能成為元宇宙的主要居民呢？

硅基生命

硅基生命是相對於碳基生命而言的。「硅基生命」這一概念於 19 世紀首次被提出。1891 年，波茨坦大學的天體物理學家朱利葉斯・席納（Julius Sheiner）在他的一篇文章中就探討了以硅為基礎的生命存在的可能性，他大概是提及硅基生命的第一人。這個概念被英國化學家詹姆斯・愛默生・雷諾茲（James Emerson Reynolds）所接受。1893 年，詹姆斯・愛默生・雷諾茲在英國科學促進協會的一次演講中指出，硅化合物的熱穩定性使得以其為基礎的生命可以在高溫下生存。

科學家對於硅基生命的探索，是從化學角度切入的。我們可以將其類比構成人類主要的元素——碳，將其延伸到與碳同族的硅元素。毫無疑問，硅的化學性質與碳相差甚遠。硅的表現並不能合乎人們的期望。以有機化學為參考，能望有機化學項背的硅氫化學體系的嘗試以失敗告終。因為依靠合成硅烷、硅氧烷等物質的衍生物對有機物進行的復刻根本無法實現。

以硅材料精雕細琢的「芯片」，卻可能產生以 AI 為主要形態的新型生命。科學家眼中的硅基生命，以「硅芯片 + AI + 鋼鐵骨骼 + 橡膠皮膚」形式，呈現嶄新的面貌。

人工智能的發展的確不負眾望。在語音識別、自動駕駛領域，人工智能已經切切實實地改變了人們的生活。

現在大部分的智能電視，都有語音識別的功能，可以在嘈雜的環境中完成識別換台、調整音量等基本的操作。語音識別功能在駕駛過程中無疑更有價值。司機可以在牢牢握住方向盤的同時，通過語音選擇導航的目的地，或者進行打開空調這樣的操作。這只是人工智能非常簡單的應用。

在元宇宙中，大規模的製造、生產，未來都是以 AI 為主體進行。當元宇宙的世界迅速膨脹到物理世界十倍、百倍的規模，我們無法僅僅依賴人類的程序員來實現這一難以承擔的任務。事實上，人類程序員扮演的是規則制定者的角色。他們就像「上帝」一樣存在，指定元宇宙的幾條創世規則。而後 AI 粉墨登場，依據這些規則創建瑰麗的世界。

以螞蟻為例，它們的行為非常簡單，即通過觸角簡單地交換有限的信息。單獨來看，一隻爬行中的行軍蟻非常簡單，若把一隻若是把數百萬隻行軍蟻放在一起，整體蟻羣就成了難以預測的「超

級生物體」，展現出高深，乃至駭人的「集體智力」，甚至可以抱成「螞蟻球」渡過河流。儘管「球」外圍的螞蟻不斷溺水而亡，但是作為一個整體，卻可以逃出生天，重建種羣。

簡單的規則，龐大的數量，就會創造出整體層次上的「智慧」。而這些，恰恰是 AI 擅長的。元宇宙是 AI 成長的天堂。

元宇宙的認識論，
你在第幾層？

第六章、第七章分別介紹了平台和終端設備。市面上講平台經濟的圖書汗牛充棟，專門講 VR/AR 的圖書同樣洋洋大觀。我們在這裏將其放在元宇宙中介紹有何不同呢？

世界到了融合發展的歷史時刻，這體現在技術融合、行業融合上。換句話說，靠一款產品單打獨鬥的年代已經過去了。企業的發展要麼加入一個產業生態，要麼創造一個產業生態。生態中企業技術架構相似、業務交易相連、數據資源相通，我們應該遵循共創、共生、共贏的理念。

企業家把不相關的要素看成一個整體的能力，就決定了一家企業的業務邊界。

大家常用「看山是山，看水是水」來形容認知的第一個層次。如鴻蒙就是鴻蒙，以太坊就是以太坊，遊戲就是遊戲。因此，就好像元宇宙的書大家也不用細看，不過是另外一個噱頭而已。如果看不到鴻蒙、以太坊、遊戲、VR/AR 的內在關聯性，割裂地看待不同技術和領域，認知也就被固化在第一層。在這個層次，我們

可以認識到事物的組成要素，了解要素的特徵、價值等。但是，這個認知是割裂的、孤立的、缺乏聯繫的。在這個認知層次上，如果我們認識不到改變的必要性，就更體會不到改變的迫切性。

「看山不是山，看水不是水」，進入了認知的第二個層次。我們往往看到了事物之間的聯繫，意識到了整體性的存在，但是又忽略了事物之間的獨特性。遊戲和 VR/AR 有關，VR/AR 和網絡有關，網絡和 5G、6G 有關……。這種普遍聯繫忽略了事物之間的獨立性和差異性。如果我們看不到事物發展的約束條件，對事物泛泛而談，行動起來便會漫無頭緒。這個認知層次上，言語有相當大的迷惑性。一些概念就因此被人詬病。

「看山還是山，看水還是水」，進入認知的第三個層次。在這個層次上，人們既能綜合事物的整體性，又能分析事物的獨特性；既能看到事物之間普遍聯繫的本質，又能提綱挈領地抓住普遍聯繫的主要問題。一旦進入此境界，人們也就具備了改變現狀的能力。元宇宙作為兼具綜合性、概括性、具體性、實操性的概念，需要我們到達認知的第三個層次，才能對其深刻地理解。只有深刻地理解元宇宙概念，人類才能付諸行動。

大家可以合上書本想想，對於關於元宇宙的概念，我們的認知到了第幾層？

後記

　　這本書的創作過程，可以說是風雲際會、一拍即合。一羣走在時代前沿的人，感覺到了時代的大潮。迅速聚攏，立刻確定目標，調整自己的工作內容，整合各路資源，分工協作，才使得這本書在短短兩個月的時間內面世。

　　2021 年 6 月 8 日，主創團隊和編輯團隊第一次碰面。喬社長雖剛履新不久，仍然秉持着對前沿趨勢的關注和熱情，早已開始籌劃「元宇宙」書系的出版工作。當時，我正在和毛基業院長合作寫作一本關於數字化轉型的書。看到各行各業綜合應用數字化技術，迅速形成新的組織模式和商業模式，甚至重新組合各類生產要素，匯聚成為新興的數字生態。這些轟轟烈烈的數字化轉型的實踐，蘊含着新的產業規律和新的經濟思想，所謂新理論就是在這些新的實踐中產生的。

　　但是，數字化轉型的理想形態是甚麼？對於這個最終問題的思考一直困擾着我。只有找到這個理想的最終形態，各行各業才能以此為目標，並結合企業的現狀，找到數字化發展的路徑。大量傳統產業數字化轉型的案例都提出 DTO 概念，借用數字孿生的概念，指出未來的組織都是數字孿生組織。思考、決策在數字世界，執行在物理世界。但是這個概念有點抽象，讀者不易接受。

　　恰好，易歡歡眉飛色舞地跟我討論「元宇宙」，並且把他的微

信暱稱都改成了「All in 元宇宙 大未來」。我意識到元宇宙就是我一直在找的數字化轉型的理想形態，而且它以一種非常具象化且深具傳播力的概念表達出來。再看看同行寫的各類分析報告，以 Roblox 為範本，綜合分析 5G、VR/AR、區塊鏈、遊戲，約略指出了發展方向。

2017 年，我在寫作《數字生態論》時，開始涉足數字經濟領域的研究。書中指出數字經濟的最小單元是數字化的產業生態，數字經濟其實就是新型經濟體系的代名詞。數字經濟體系龐大，傳統商品的生產、流通、消費各個環節，都和傳統經濟學思想有千絲萬縷的聯繫，缺少純粹的能夠完全展示數字經濟魅力、特徵的場景。當然，以加密貨幣為基礎的經濟體系，已經是完整意義上的數字經濟了，但是其對傳統金融的衝擊，尤其是背後絕對無政府主義的思想，很難被納入中國主流語境。

元宇宙恰恰提供了一個完整、自洽的經濟體系，即純粹的數字產品生產、消費的全鏈條，和物理商品的生產、銷售宏觀全鏈條相比，其已經具備了所有經濟學意義上的特徵。但不同的是，元宇宙中全部是數字產品，沒有任何物理生產過程。這個特徵恰恰是研究數字經濟的最佳範本。無須像過去研究經濟一樣，做出各種不能成立的假設，把經濟活動從社會活動中剝離出來，機械地、僵化地套用數學模型，得出似是而非的結論。這種研究方法，本身就是錯誤的，更不要說從中得出的結論。

但是，現實世界紛繁複雜，社會學、經濟學領域的研究總能找到反例來反駁任何創新的觀點。要打破傳統經濟學對人們思想的桎梏，就需要找到那些顛覆性的案例，讓傳統經濟學連研究方法都沒有立足之地才行。更重要的是，根據新的數字經濟理論，

預測世界發展的方向，預判產業的目標，對實踐起到實實在在的指導意義才行。

　　元宇宙的經濟學，就具備這些特徵。在數字世界中生產數字商品，同時只在數字世界中消費。這個經濟循環的鏈條，在過去是沒有出現過的。傳統經濟學的研究重心是圍繞物理商品展開的。無論是宏觀經濟學還是微觀經濟學，無論是新自由主義經濟學還是新制度經濟學，面對元宇宙中的經濟現象，都是無能為力的。

　　從這點來講，元宇宙是誕生和驗證數字經濟理論的最佳演練場。理論來自實踐，領先的理論來自領先的實踐，偉大的理論來自偉大的實踐。對於我們做產業研究的人來說，還有甚麼能比得上產業的徹底變革所帶來的震撼和喜悅呢？

　　不僅是經濟，元宇宙還是一個「社會」，更是 M 世代組成的後現代社會。其中不僅有經濟現象，還有文化現象、社會現象。在這個超越國家、民族、地域、時間界限的社會中，會孕育出甚麼樣的文明？實在令人神往。

　　元宇宙中，存在和虛無、自我和宇宙、肉體和精神的思辨和統一，淋漓盡致地展現在我們的面前。電影《黑客帝國》中其實一直在問，人類到底能不能一直生活在虛擬世界中？雖然尼奧率領大家最終摧毀了 Matrix，但是日出之後的物理世界，是人們理想中的家園嗎？至少有一點是我們都認同的，人類不能一直生活在物理世界中。這些問題，也在不斷地吸引我們走進元宇宙，一起創世紀。

　　《元宇宙》成書時間非常短，創作過程也非常「元宇宙」。基於過去研究數字經濟的一些心得，結合科技領域最激動人心的變革，給出未來發展方向粗線條的梳理。錯漏之處多到我自己都不甚滿

意。就如王巍理事長所說，相較於嚴謹的學術著作，實在是謬之千里。但是對於元宇宙的 M 世代，已經是姍姍來遲了。好在宇宙都是不完美的，在進化中才能生發出大千世界。因此，《元宇宙》僅僅是個開端，就像宇宙大爆炸一樣，創世的奇點。

給了我思考的框架。感謝和君商學的潘番，大力地推廣本書。

感謝所有為本書作序、推薦的各位學者、企業家、大咖們、朋友們。希望我們能並肩遨遊元宇宙！

最後尤其感謝家人，他們忍受了我長達兩個月的甩手掌櫃的生活。沒有妻子的理解和支持，我就不會在短時間內完成這本書。

趙國棟

參考文獻

[1]　曼紐爾・卡斯特爾：《網絡社會的崛起》，夏鑄九譯，北京：社會科學文獻出版社，2000。

[2]　曼紐爾・卡斯特爾：《 認同的力量》，曹榮湘譯，北京：社會科學文獻出版社，2006。

[3]　曼紐爾・卡斯特爾：《千年終結》，夏鑄九譯，北京：社會科學文獻出版社，2006。

[4]　周其仁：《貨幣的教訓》，北京：北京大學出版社，2012。

[5]　亞當・斯密：《國富論》，郭大力、王亞南譯，南京：譯林出版社，2011。

[6]　彼得・德魯克：《管理：使命，責任，實務》，王永貴譯，北京：機械工業出版社，2009。

[7]　彼得・德魯克：《管理的實踐》，北京：機械工業出版社，2009。

[8]　亞德里安・斯萊沃斯基：《發現利潤區》，北京：中信出版社，2010。

[9]　亞歷山大・奧斯特瓦德：《商業模式新生代》，北京：機械工業出版社，2012。

[10]　弗雷德里克・溫斯洛・泰勒：《科學管理原理》，北京：機械工業出版社，2014。

[11]　趙國棟，易歡歡，糜萬軍，鄂維南：《大數據時代的歷史機遇》，北京：清華大學出版社，2013。

[12]　趙國棟，許正中，徐昊，糜萬軍：《產業互聯網》，北京：機械工業出版社，2015。

[13]　趙國棟：《數字生態論》，杭州：浙江人民出版社，2017。

[14]　何全勝：《交易理論》，北京：新華出版社，2010。

［15］涂子沛：《數據之巔》，北京：中信出版社，2014。

［16］周濤：《為數據而生：大數據創新實踐》，北京：北京聯合出版公司，2016。

［17］車品覺：《決戰大數據》，杭州：浙江人民出版社，2016。

［18］傑里米・里夫金：《第三次工業革命》，張體偉、孫豫寧譯，北京：中信出版社，2012。

［19］稻盛和夫：《阿米巴經營》，曹岫雲譯，北京：中國大百科全書出版社，2016。

［20］彼得・德魯克：《管理的實踐》，齊若蘭譯，北京：機械工業出版社，2009。

［21］尤瓦爾・赫拉利：《未來簡史：從智人到智神》，北京：中信出版社，2017。

［22］吳軍：《浪潮之巔》，北京：人民郵電出版社，2016。

［23］林恩・佩波爾，丹・理查茲，喬治・諾曼：《產業組織：現代理論與實踐》，鄭江淮等譯，北京：中國人民大學出版社，2014。

［24］文一：《偉大的中國工業革命—發展政治經濟學一般原理批判綱要》，北京：清華大學出版社，2016。

［25］姜璐：《錢學森論系統科學》，北京：科學出版社，2012。

［26］保羅・薩繆爾森，威廉・諾德豪斯：《經濟學》，蕭琛譯，北京：人民郵電出版社，2008。

［27］朱・弗登博格，讓・梯若爾：《博弈論》，黃濤譯，北京：中國人民大學出版社，2010。

［28］蜜雪兒・渥克：《灰犀牛》，王麗雲譯，北京：中信出版社，2017。

［29］約翰・斯圖亞特・穆勒：《政治經濟學原理》，金鏑、金熠譯，北京：華夏出版社，2017。

［30］約瑟夫・熊彼特：《經濟發展理論》，郭武軍、呂陽譯，北京：華夏出版社，2015。

［31］亞歷山大・奧斯特瓦德：《商業模式新生代》，黃濤、鬱婧譯，北京：機械工業出版社，2016。

［32］德內拉・梅多斯：《系統之美》，邱昭良譯，杭州：浙江人民出版社，2012。

［33］河本英夫：《第三代系統論：自生系統論》，北京：中央編譯出版社，2016。

［34］哈里·蘭德雷斯，大衛·C. 柯南德爾：《經濟思想史》，周文譯，北京：人
民郵電出版社，2014。

［35］安東尼奧·達瑪希奧：《笛卡爾的錯誤》，北京：北京聯合出版公司，
2018。

［36］維塔利克·布特林：《理想：乙太坊的區塊鏈創世錄》，北京：科學出版社，
2019。

［37］尼爾·斯蒂芬森：《雪崩》，郭澤譯，成都：四川科學技術出版社，2018。

［38］朱嘉明：《未來決定現在》，太原：山西人民出版社，2020。

［39］龔焱：《公司制的黃昏》，北京：機械工業出版社，2019。

［40］徐遠重：《三鏈萬物》，北京：東方出版社，2019。

［41］龍白滔：《數字貨幣：從石板經濟到數字經濟的傳承與創新》，北京：東方
出版社，2019。

［42］黃家明，方衛東：《交易費用理論：從科斯到威廉姆森》，合肥工業大學學
報（社會科學版），2000。